세상을 바꾼
생명과학

세상을 바꾼 생명과학

초판 1쇄 발행 2018년 3월 2일
개정판 1쇄 발행 2021년 3월 3일
개정판 4쇄 발행 2024년 4월 3일

지은이 원정현
펴낸이 박찬영
편집 김솔지
디자인 박민정, 이재호
본문 삽화 박소정
마케팅 조병훈, 박민규, 최진주, 김도언

발행처 (주)리베르스쿨
주소 서울특별시 성동구 왕십리로 58 서울숲포휴 11층
등록번호 2013-000016호
전화 02-790-0587, 0588
팩스 02-790-0589
홈페이지 www.liber.site
커뮤니티 blog.naver.com/liber_book(블로그)
www.facebook.com/liberschool(페이스북)
e-mail skyblue7410@hanmail.net

ISBN 978-89-6582-290-5 (04400)
  978-89-6582-288-2 (세트)

리베르(Liber 전원의 신)는 자유와 지성을 상징합니다.

〈일러두기〉
1. 원소 표기는 국립국어원의 최근 변경된 표기법을 따랐으며, 첫 언급 시 이전 표기법을 병기했다.
   예) 망간 → 망가니즈
2. 화합물의 띄어쓰기는 표준국어대사전과 교육부 편수자료를 기준으로 삼았다.
   예) 황화수소 → 황화 수소

세상을 바꾼 생명과학

원정현 지음

㈜리베르스쿨

〈세상을 바꾼 과학〉 시리즈를 펴내며
– 과학사와 과학 개념이 만나다

학교에서 학생들에게 과학을 가르치는 동안 늘 '어떻게 하면 과학적 개념들을 잘 이해시킬 수 있을까?', '어떻게 해야 학생들이 과학을 좋아하게 될까?'를 고민했습니다. 이 질문에 대한 답을 찾는 것은 제게 도전이었습니다. 매년 같은 내용들을 가르치면서도 논리와 재미, 둘을 모두 잡는 수업을 만들겠다는 욕심에 매번 치열하게 새로운 수업 방법을 고민했습니다.

그러다 어느 겨울, 영재 교육 담당 교사를 대상으로 한 연수에서 과학사라는 학문을 접했습니다. 과학사를 전공한 선생님이 진행한 갈릴레오에 대한 강의를 듣고, 저는 과학사라는 학문이 너무나 궁금해졌습니다. 예전에 석사 공부를 하는 동안 토머스 쿤의《과학혁명의 구조》나《코페르니쿠스 혁명》, 마틴 커드의《과학철학》등의 과학 고전들을 읽어 본 적은 있었습니다. 하지만 그때는 원서를 해석하는 데 급급해 특별한 매력을 느끼진 못하고 지나쳤습니다. 시간이 지나 새롭게 다시 접한 갈릴레오의 이야기는 저를 매료했습니다. 갈릴레오 강의를 들은 그날 바로 과학사·과학철학 협동과정에 입학 문의를 했고, 제 전공은 과학사로 바뀌었습니다. 30분, 1시간을 논문 몇 쪽, 책 몇 쪽으로 계산해 가며 공부하는 삶, 고달프지만 짜릿한 삶이 시작된 것이지요.

　과학사라는 학문은 과학을 공부할 때와는 완전히 다른 사고의 틀을 요구합니다. 학교 과학 시간에는 과학사학자이자 과학철학자 토머스 쿤이 말한 정상과학, 즉 현대 사회의 보편적인 과학 이론을 가르칩니다. 따라서 과학 교육에서는 개념과 이론 이해를 중요하게 여깁니다. 학생들은 과학자들이 현재까지 정립한 가장 최근의 지식들을 배우고, 그 지식 체계 안에서 문제를 풀어 낼 것을 요구받지요.

　하지만 과학사에서는 과학 개념 자체보다 연구자기 어떤 자료를 근거로 어떤 주장을 하는지를 파악하는 것을 더 중요하게 여깁니다. 또 과학에서는 정답이 정해져 있지만 과학사에서는 근거만 뒷받침된다면 다양한 해석 결과가 모두 수용됩니다. 결과물보다는 지식이 만들어지는 과정을 더 중요하게 여기는 과학사를 공부하자, 저의 비판적 사고 능력도 많이 자라났습니다.

　저는 과학 교육과 과학사를 연결하는 방법을 고민하기 시작했습니다. 주위를 둘러보니 청소년이나 대중을 대상으로 한 과학사 책들이 여러 권 출판되어 있었고, 그중에는 상당한 인기를 끈 책들도 있었습니다. 기존에 출판된 과학사 책은 크게 두 종류로 나누어 볼 수 있습니다. 하나는 과학사를 연대기 순으로 서술하는 방식입니다. 사건이 일어난 순서대로 역사를 서술하는 책들이지요. 또 하나는 과학자들을 중심으로 역사를 서술해 나가는 책들입니다. 이러한 책들은 보통 위인전의 형태를 취하거나 여러 과학자들의 생애와 업적을 간략하게 소개합니다.

　과학 지식의 성립 배경에 관심을 가지는 요즘의 흐름을 반영하듯 최신

과학 교과서는 과학사에도 꽤 많은 지면을 할애합니다. 하지만 과학 교과서에 실리는 역사는 일화 중심의 단편적 서술에서 그치는 경우가 많습니다. 또 과학사를 역사 자체로 접근하지 않고 과학적 개념을 학습하기 위한 도구로 이용합니다.

저는 출간되어 있는 과학사 책들을 보고 새로운 책의 필요성을 느꼈습니다. 과학사가 도구로써 이용되는 기존 도서의 한계를 넘고, 과학사와 과학적 개념이 서로를 보충하며 유기적으로 연결되는 책이 있었으면 좋겠다고 생각했습니다. 그리고 독자들이 과학사를 통해 좀 더 재미있고 쉽게 과학 개념들에 접근하기를 바랐습니다.

고민 결과 만들어진 책이 바로 〈세상을 바꾼 과학〉 시리즈입니다. 이 책의 서술 방식은 기존의 과학사 책들과는 상당히 다릅니다. 〈세상을 바꾼 과학〉은 중요한 과학 개념들이 어떠한 변화 과정을 거치면서 확립되어 왔는지를 서술의 중심으로 삼고 있습니다. 과학의 각 분야들을 딱 잘라 구분하기는 힘든 일이지만, 과학 분야를 나누는 큰 틀인 물리, 화학, 생물, 지구과학에 맞춰 작성했습니다. 각 분야의 중요한 개념을 선정해, 각 장에서 그 개념이 정립되어 나가는 과정을 서술했습니다. 저는 이런 서술 방식이 과학사와 과학을 통합적으로 연결할 수 있는 가장 좋은 방식이라고 믿습니다.

저는 독자들이 이 책을 읽으면서 '아하, 이런 과정을 거쳐 이런 개념들이 만들어졌구나.'라는 생각을 하기를 바랍니다. 과학 개념이 만들어지는 과정을 따라가다 보면 과학 이론을 익힐 수 있고, 나아가 과학이라는 학문 자체를 더 깊이 이해하는 시선을 갖추게 될 것입니다. 역사를 알면 현대

사회를 더 잘 이해할 수 있는 것처럼, 과학의 역사를 알면 현재의 과학 지식을 풍부하게 이해할 수 있습니다.

학생들을 가르치는 사람으로서, 그리고 동시에 과학사 연구에 발 담고 있는 사람으로서 이 책이 추구하는 방향이 옳다고 믿습니다. 이 책을 쓰기 위해 많은 자료를 조사하고 공부했습니다. 하지만 내용에 오류가 있을 수도 있다는 두려움을 완전히 떨칠 수 없습니다. 혹시 있을지도 모르는 오류에 대한 책임은 전적으로 이 책을 쓴 저에게 있을 것입니다. 잘못된 부분이 있다면 앞으로 고쳐 나가도록 하겠습니다.

마지막으로 이 책이 출판될 수 있도록 도와준 많은 분들에게 감사드립니다. 먼저 책의 출판을 허락해 주신 (주)리베르스쿨 출판사 박찬영 사장님께 감사드립니다. 또 원고를 꼼꼼하게 교정하고 예쁘게 편집해 주신 김솔지 편집자께도 깊은 감사를 드립니다. 지구과학 부문의 자료 수집을 도와 준 연구실 후배 하늘이에게도 감사의 마음을 전합니다.

모든 사람이 똑같은 속도로 삶을 살 필요가 없다고 주장하면서 꽤 늦게 새로운 공부를 시작한 저에게 언제나 지지와 격려를 보내준 가족 모두에게도 감사합니다. 특히 저의 마음속 허기를 채워 주고 언제나 넘치는 풍요로움을 가슴에 안겨주는 세 남자, 제 아버지 원영상 님, 남편 한양균, 그리고 아들 한영우에게 사랑과 감사의 마음을 담아 이 책을 바칩니다.

2017년 10월 26일

원정현 씀

들어가는 글 · 과학의 역사를 공부하기 전에

과학적 사건들의 의미를 찾다

과학사란 글자 그대로 과학의 역사를 말한다. 과학이 어떤 과정을 거쳐서 형성되고 변화해 왔는지를 이해하려 하는 학문이다. 과학사를 연구하는 학자들을 가리켜 과학사학자라고 한다.

학교 과학 시간에는 보통 과학의 개념이나 이론, 법칙 등을 배운다. 하지만 과학사의 연구 목표는 과학과 조금 다르다. 과학사는 과학 이론이 어떤 과정을 거쳐 형성되어 변화해 왔나를 알아내 과학이라는 학문을 더 잘 이해하고자 한다. 또한 과학사는 과학 내적인 변화 과정만이 아니라 과학과 사회가 맺는 관계에도 많은 관심을 가진다. 과학자가 살던 시대적 배경과 과학에 영향을 주던 사회, 경제, 종교, 철학도 과학사의 중요한 연구 대상이다.

흔히들 현재를 이해하고 미래를 예측하기 위해서는 먼저 과거를 알아야 한다고 말한다. 우리는 과거를 분석해서 현재를 이해하기 위해 고조선에서 현대에 이르기까지의 역사를 공부한다. 과학사도 마찬가지다. 우리는 현재의 과학 이론을 제대로 이해하기 위해 과학사를 알아야 한다.

과학사에는 정답이 없다. 과학사는 다양한 사료를 이용해 여러 과학적 사건들의 역사적 의미를 찾는 학문이고, 역사 해석에는 다양한 관점이 있기 때문이다. 과학사 연구를 하다 보면 관점에 따라 역사적 사건의 중요도나 사건에 대한 해석이 달라지기도 한다. 현재 많이 채택되는 과학사 연구의 관점으로는 4가지가 있다.

첫 번째는 합리적 방법론을 중심으로 과학사를 연구하는 관점이다. 실제로 증명한다고 해 실증주의적 관점이라고도 한다. 이런 관점을 가진 과학사학자들은 과학적 지식이 실험 같은 합리적 방법과 논리적인 추론을 통해 만들어지기 때문에 다른 분야에 비해 훨씬 더 보편적이고 객관적이라고 생각한다. 그래서 과학의 역사를 돌아볼 때 과학자들이 실험과 관찰을 바탕으로 과학적 지식을 만들어 내고 변화·발달시켜 온 과정을 중요하게 여긴다.

두 번째는 자연을 보는 시각 변화를 중시하는 관점으로, 사상사적 관점이라고도 한다. 이 관점을 중요시하는 과학사학자들은 과학이 실험이나 관찰로만 변화해 왔다고 보지 않는다. 이들은 자연을 바라보는 방식의 변화가 실험과 관찰보다 더 중요하다고 생각한다. 수학과 과학의 관계를 예로 들 수 있다. 오늘날에는 수학이 없는 과학은 상상할 수 없지만, 16세기 이전까지만 해도 과학과 수학은 별개의 학문으로 여겨졌다. 하지만 17세기에 들어서 자연 현상을 수학으로 나타낼 수 있다는 자연관을 가진 과학자들이 등장했다. 그 결과 점차 과학과 수학이 결합하는 변화가 나타났다.

세 번째는 사회적 배경을 중시하는 관점이다. 이 관점에서는 어떤 사회적 배경 속에서 과학자들의 방법이나 시각이 변화했는지를 중요하게 여긴다. 이들은 과학이 놓여 있었던 사회적 맥락이나 과학과 사회의 관계,

과학 연구에 대한 후원 체계 등에 깊은 관심을 가진다.

　마지막 관점은 사회적 유용성이라는 면에서 과학사를 바라보는 관점이다. 이 관점은 주로 사회주의 국가에서 많이 대두되었다. 이 관점을 지닌 과학자들은 인간의 삶을 위해 유용하게 쓰일 때 과학이 더욱 발달할 것이라고 본다.

　이처럼 과학사를 연구하는 데는 여러 가지 관점이 있을 수 있다. 이들 중 어떤 관점이 옳고 그르다고 논할 수는 없다. 과학사를 깊이 있게 이해하기 위해서는 모든 관점들을 고루 갖추어야 한다. 오늘날 과학사를 보다 통합적으로 이해하게 된 것도 다양한 관점을 가진 여러 과학사학자의 노력 덕분이다.

과학은 언제부터 시작되었을까?

　과학사를 연구하기 위해서는 과학의 시작점을 정해야 한다. 과학의 시작점을 정하려면 먼저 과학이 무엇인지에 대한 정의를 내려야 한다. 인간의 힘으로 자연을 이용하고 통제하려는 모든 시도들을 과학이라고 본다면 과학의 시작은 아주 오래전으로 거슬러 올라간다. 고대 메소포타미아와 이집트 등지에서는 문명이 생겨난 기원전 3500년경부터 수학, 천문, 의학, 측량의 분야에서 많은 발전을 이루었으니, 이때를 과학의 시작이라고 볼 수도 있다.

　하지만 대다수의 과학사학자는 과학에 대해 이와는 다른 정의를 내리고 싶어 한다. '자연에 대한 합리적 지식 체계'라는 좁은 정의이다. 이렇게 정의하면 고대 메소포타미아나 이집트 문명보다는 이후 고대 그리스에서 이루어졌던 사유들이 과학에 더 가까워진다. 고대 그리스에서는 만물의 근원 물질이나 물질 변화의 원인, 우주의 구조 또는 질병의 원인 등에 대해 질문을 던졌기 때문이다. 이 질문들은 오늘날의 과학자들이 여전히 던지고 있는 질문이다.

그래서 과학사를 공부할 때는 보통 고대 그리스부터 시작한다. 중세에는 이슬람 지역이 과학적 발견에 중요한 역할을 했다. 이후로 르네상스를 지나며 근대 과학 이론들이 싹을 틔우기 시작했다. 16~17세기에는 과학 혁명을 거치며 과학의 모습이 크게 바뀌고 근대적인 과학이 등장했다. 과학 혁명 시기에는 우리에게 널리 알려진 코페르니쿠스, 갈릴레오, 케플러, 데카르트, 하위헌스, 하비, 보일, 뉴턴 등의 많은 과학자들이 활동을 했다. 이 시기에 천문학, 역학, 생물학 분야에서 근대적인 과학 개념이 등장했다면, 18세기 들어서는 화학 분야에서 큰 발전을 이루었다. 19세기 말에 이르면 물리학 분야가 오늘날과 같은 모습으로 만들어졌다. 이처럼 과학은 고대부터 현대에 이르기까지 시대에 따라 그 모습이 변화해 왔다.

과학사를 바라볼 때 명심할 것들

과거의 과학을 공부할 때 주의해야 할 점이 몇 가지 있다.

첫째는 현대 과학의 관점을 가지고 접근하면 안 된다는 점이다. 과거의 과학을 그 자체로 받아들이고 그 시대의 맥락 속에서 의미를 이해해야 한다. 예를 들어 아리스토텔레스의 학문에는 오늘날의 관점에서는 전혀 말이 되지 않는 잘못된 내용들이 많다. 이에 대해 과학사학자 데이비드 린드버그는 다음처럼 말했다.

> 철학 체계를 평가할 때는 그 체계가 근현대의 사고를 얼마나 예비했느냐가 아니라, 동시대의 철학적 난제들을 얼마나 성공적으로 해결했느냐를 척도로 해야 한다. 아리스토텔레스와 근현대를 비교할 것이 아니라, 아리스토텔레스와 그의 선배를 비교하는 것이 마땅하다. 이런 기준에서 평가하자면 아리스토텔레스의 철학은 실로 전대미문의 성공을 거둔 것이었다.
>
> ─데이비드 C. 린드버그, 《서양과학의 기원들》, 21쪽

　　과거의 과학자들의 이론이 틀렸다고 볼 것이 아니라 그 당시의 맥락 안에서 보아야 한다는 말이다. 그러면 결과물이 아닌 역사적 변천물로서의 과학을 더 잘 이해할 수 있게 될 것이다.

　　둘째는 용어를 사용할 때 주의를 기울여야 한다는 것이다. 과학이나 과학자라는 말이 등장한 것은 18세기 말 이후의 일이다. 그 이전까지는 과학은 자연철학으로 불렸고, 과학자는 자연철학자라고 불렸다. 17세기 아이작 뉴턴의 저서 제목이 《자연철학의 수학적 원리》라는 것에서 이를 확인할 수 있다. 자연철학은 19세기에 들어서면서 서서히 자연과학이라는 말로 바뀐다. 그러면서 과학자라는 용어도 사용되기 시작했다. 그래서 이 책에서도 19세기 이전의 과학에 대해서는 자연철학이라는 용어를 많이 사용했다. 한편 과학사를 논할 때는 용어뿐만 아니라 과학자들의 호칭에도 주의해야 한다. 요즘에는 갈릴레오 갈릴레이를 자주 갈릴레이라고 호명

하지만 그가 살던 당시 이탈리아에서는 갈릴레오라고 부르는 게 보편적이었다. 대다수의 과학사학자들은 이를 근거로 갈릴레오라는 호칭이 더 적절하다고 생각한다.

마지막으로 시야를 더 넓혀야 한다. 과학사는 보통 유럽을 중심으로 서술되지만, 오늘날 우리가 과학이라고 부르는 학문이 유럽에서만 등장했던 것은 아니다. 중국이나 인도 등에서도 옛날부터 과학이 발달했고, 중세 이슬람에서도 과학 연구가 활발하게 이루어졌다. 유럽의 과학이 가장 보편적인 것처럼 다루어지기는 하지만, 넓은 시야를 갖추고 유럽 이외의 지역에서 이루어진 의미 있는 과학 활동에도 관심을 가져야 한다.

과학사는 과거로부터 현재에 이르기까지 과학이 변화해 나가는 모습들을 알아보고 그것이 가진 의미들을 여러 관점에서 해석해 나가는 학문이다. 오늘날 우리가 배우는 과학의 중요한 개념이나 법칙들이 어떠한 과정을 통해 형성되었는지를 살펴보고 과학을 더 잘 이해하게 되기를 바란다.

몸속에서 피가 흐르는 이유는 무엇일까?

혈액 순환 이론과 생리학

아직 알려지지 않은 것에 비하면 우리가 아는 것은 엄청나게 적다.
- 윌리엄 하비 -

생물학(Biology)이라는 용어는 생명을 뜻하는 그리스어 'bios'와 과학을 의미하는 'logos'가 합쳐져서 만들어졌다. 생물학이란 한마디로 생명체를 연구하는 학문이다.

생물학의 한 분야인 생리학은 생물체가 어떻게 기능하는지를 연구한다. 개체, 기관, 세포 혹은 분자 수준까지 모두가 생리학의 연구 대상이다. 생리학자는 영양분을 섭취하고 찌꺼기를 내보내는 물질대사 과정, 영양분과 노폐물을 각 기관에 보내는 물질 수송, 신체를 움직이고 감각을 전달하기 위한 신경 정보 전달, 생명 유지를 위한 각 기관의 조절 작용 등을 다룬다. 폐에서 산소와 결합한 동맥혈이 온몸의 조직 세포에 산소를 공급한 뒤 정맥혈로 바뀌고, 심장을 통해 폐로 이동해 다시 산소를 얻는 혈액 순환 과정도 생리학에서 중요하게 다루는 주제이다.

근대 생리학의 기초를 놓은 학자는 윌리엄 하비이다. 하비가 등장하기 이전까지 가장 권위 있었던 생리학 이론은 고대 로마의 의사인 갈레노스의 이론이었다. 하비는 1628년에 출판한 소책자 〈동물의 심장과 혈액의 운동에 관한 해부학적 연구〉에서 인체 혈액의 움직임에 관한 새로운 이론을 내놓았다. 바로 오늘날 우리가 알고 있는 혈액 순환 이론이다. 혈액 순환 이론은 몸의 기본 기능에 관한 갈레노스 이론을 부정해 버렸다.

18세기가 지나서 생리학은 학문으로 굳건히 자리 잡았다. 오늘날 생리학에 큰 공헌을 한 과학자에게는 노벨 생리의학상을 수여한다.

갈레노스, 생리학 체계를 정맥·동맥·신경으로 나누다

고대 그리스의 의사 히포크라테스(Hippocrates, 기원전 460?~기원전 370?)는 인체의 기능을 체계적으로 설명하려고 시도한 최초의 인물이었다. 오늘날 히포크라테스는 《히포크라테스 전집》과 〈히포크라테스 선서〉로 잘 알려져 있다. 《히포크라테스 전집》에 실린 60여 편의 논문을 모두 히포크라테스 본인이 썼다고 믿는 사람은 별로 없다. 하지만 이 논문들을 통해 고대 그리스인이 인간의 생리 기능을 어떻게 생각했는지를 알아볼 수는 있다.

히포크라테스는 '4체액설'을 주장했다. 4체액설에 의하면, 인간의 몸은 혈액, 점액, 황담즙, 흑담즙이라는 4종류의 체액으로 구성된다. 체액들 사이의 균형이 잘 맞으면 건강한 상태를 유지할 수 있지만, 체액이 넘치거나 모자라면 질병이 발생한다.

네 체액은 각각 따뜻함, 차가움, 습함, 건조함이라는 성질과 연결되는데, 계절에 따라 우세를 점하는 체액이 달라진다. 예를 들어 차가운 성질을 지

❂ 히포크라테스 이탈리아 로마 근처의 오스티아 안티카 박물관에 있는 히포크라테스 흉상이다. 히포크라테스는 의학의 아버지로 불린다.

닌 점액은 겨울에 양이 증가한다. 그래서 겨울철에는 점액 관련 질환에 잘 걸린다. 반면 봄에는 축축하고 따뜻한 혈액의 양이 증가하기 때문에 혈액과 관련된 질환이 생기기 쉽다. 히포크라테스는 계절적인 요인뿐만 아니라 기후, 음식, 공기, 물, 운동 등도 건강에 영향을 미친다고 생각했다.

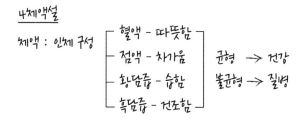

사람의 몸은 그 자체 속에 피와 점액과 황담즙과 흑담즙을 갖고 있으며, 이것들이 사람의 몸의 본질이고 이것들로 인해 사람은 고통을 겪고 건강을 누린다. 그것들이 서로 힘이나 양에 있어서 적도에 맞는 상태에 있고 최대한 섞이면 최대한 건강을 누린다. 하지만 이것들 가운데 어떤 것이 더 적거나 더 많거나, 혹은 몸속에서 다른 모든 요소와 혼합되지 못하고 분리되거나 하면 고통을 겪는다. 왜냐하면 그것들 가운데 어떤 것이 분리되어 단독으로 있게 될 때는 그것이 빠져나간 부분에 병이 과도하게 날 뿐 아니라, 그것이 한꺼번에 몰려들어 자리 잡는 부분에도 과도하게 채워져 있음으로 해서 통증과 고통이 초대될 수밖에 없기 때문이다.

　　　　　　　　- 히포크라테스, 《히포크라테스 선집》(여인석·이기백 옮김, 193~194쪽)

히포크라테스에게 질병 치료의 목적은 체액의 균형을 되찾는 것이었다. 그는 체액이 부족할 때는 식단 조절이나 운동을 통해 체액을 보충하고, 반대로 체액이 넘칠 때는 피를 뽑거나 먹은 것을 토하거나 배변 활동을 해서 체액을 몸 밖으로 빼내면 질병이 치료된다고 믿었다.

인체의 질병과 치료에 관한 히포크라테스의 생각은 비슷한 시기에 살았던 아리스토텔레스(Aristoteles, 기원전 384~기원전 322)의 견해와는 상당한 차이가 있었다. 아리스토텔레스에게 자연사 연구의 가장 중요한 목적은 생리 기능의 원인과 결과를 설명하는 것이었다. 반면, 의사였던 히포크라테스에게는 자연 현상을 근본적으로 이해하는 것보다는 환자를 적절하게 치료하는 방법이 더 중요했다.

인체의 구조와 기능을 설명하려고 한 고대 이론가 중에서 영향력이 가장 오래간 사람은 히포크라테스보다 약 5세기 뒤에 활동했던 클라우디우스 갈레노스(Claudius Galenus, 129~199?)이다. 현재는 터키에 속해 있는 도시 페르가몬에서 태어난 갈레노스는 16세에 의학에 입문했다. 그는 의학을 배우기 위해 이곳저곳을 여행하다가 당시 학문의 중심이었던 알렉산드리아에서 본격적으로 의학 지식을 쌓았다. 갈레노스는 고향으로 돌아가 검투사의 주치의로 활동했는데, 다친 검투사들을 치료하면서 인체에 대한 지식을 많이 얻을 수 있었다. 이후 로마에 정착한 갈레노스는 마르쿠스 아우렐리우스를 포함한 황제 3명의 주치의로 활동했다. 갈레노스는 22권이 넘는 많은 저서를 남겼는데, 이 저작물들에는 의학과 철학을 통합하고자 했던 그의 노력이 담겨 있다.

갈레노스는 자신의 해부학 지식과 생리학 지식을 바탕으로 질병의 원

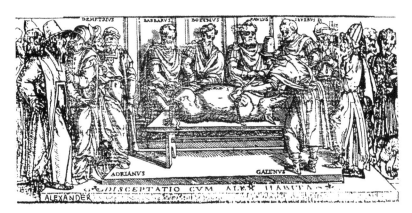

🔵 갈레노스의 돼지 해부 돼지를 해부하고 있는 갈레노스의 모습이다. 당시 로마에서는 인체 해부가 금지되어 있었기 때문에 갈레노스는 돼지나 원숭이를 해부해 인체를 이해하려고 했다.

인을 찾아내고자 했다. 갈레노스의 생리학은 히포크라테스의 4체액설에 기반을 두었다. 갈레노스의 이론에서도 히포크라테스와 마찬가지로 인체가 혈액, 점액, 황담즙, 흑담즙 4가지 액체로 구성되고, 각 액체가 따뜻함, 차가움, 습함, 건조함이라는 성질과 연결된다. 갈레노스는 4가지 액체가 결합해 조직, 기관, 그리고 신체를 구성한다고 주장했다.

갈레노스의 체액설이 히포크라테스의 체액설과 다른 점은 질병의 원인을 체액에서만 찾지 않았다는 점이다. 갈레노스는 질병의 원인을 2가지로 보았는데, 하나는 각 액체의 불균형이고, 다른 하나는 신체 각 기관의 고장이다. 따라서 갈레노스는 각 기관의 구조를 정확히 알 필요가 있다고 생각했고, 이를 위해 해부의 중요성을 강조했다. 다만 로마에서는 인체 해부가 금지되었기 때문에 갈레노스는 동물을 해부해 인체 구조를 이해해야 했다. 그렇게 정립된 해부에 관한 갈레노스의 이론은 오랜 기간 살아남아 르네상스까지 이어졌다.

갈레노스의 생리학 체계는 그의 해부 이론 이상으로 중요하다. 고대 그리스의 철학자 플라톤(Platon, 기원전 427년경~347년경)은 우리의 영혼이 이성, 감성, 욕망 세 부분으로 구성된다고 생각했다. 플라톤에 의하면 이성은 우월하고 감정과 욕망은 열등하다. 그는 또한 우월한 부분은 뇌에, 열등한 부분은 각각 가슴과 배에 있다고 여겼다. 갈레노스는 플라톤의 이론을 받아들여 '3기관 3영혼설'이라는 독특한 생리학 체계를 완성했다. 3기관은 뇌, 심장, 간이고, 각 기관은 각각 동물의 영, 생명의 영, 지연의 영과 연결된다는 이론이었다.

3기관 3영혼설이라는 말에서 볼 수 있는 것처럼 갈레노스의 생리학 체계는 정맥 체계, 동맥 체계, 신경 체계 3개의 체계로 나뉜다. 오늘날에는 온몸을 순환하는 혈액 속에 함유된 산소의 양에 따라 혈액의 종류를 동맥혈과 정맥혈로 나누지만, 갈레노스의 시대에는 동맥혈과 정맥혈을 서로 완전히 다른 종류의 혈액으로 여겼다. 갈레노스는 정맥혈이 지나는 길과 동맥혈이 지나는 길이 다르다고 생각했다. 정맥혈은 정맥으로만 흐르고, 동맥혈은 동맥으로만 흐른다고 생각했던 것이다.

갈레노스의 첫 번째 체계는 '정맥 체계'이며, 이 체계는 간과 관련이 있다. 갈레노스의 설명에 따르면 음식을 먹으면 음식물은 위에서 액즙으로 변화하며 소화되고, 위와 장에서 흡수된 영양소는 위벽과 장벽을 통해서 간으로 이동한다. 간에 도달한 영양소는 자연의 영과 합쳐져서 피, 즉 정맥혈이 된다. 정맥혈은 정맥을 따라 온몸 전체로 이동해 모든 기관과 조직에 영양소를 공급한다. 피는 온몸에서 사용되면서 소모되기 때문에 사람은 매일매일 새로운 피를 만들어 내기 위해 음식물을 먹어야 한다. 사람은 매일 음식을 먹음으로써 정맥혈을 새로 만든다.

갈레노스의 두 번째 체계는 '동맥 체계'이다. 간에서 만든 정맥혈은 정맥을 통해 심장의 오른쪽 부분, 즉 우심실에 도착한다. 우심실에 도착한 정맥혈의 일부는 다시 폐로 전달되어 폐에 영양소를 공급하며, 나머지 정맥혈은 우심실과 좌심실 사이에 난 격막 구멍을 통해 좌심실로 이동한다. 좌심실에는 폐로부터 심장으로 들어온 공기가 있는데, 이 공기는 체온의 원천인 심장이 열을 만들어 생명을 유지하도록 한다. 폐에서 좌심실로 들어온 공기와 격막 구멍을 빠져나온 혈액은 서로 합쳐져서 동맥혈을 만든다. 이 동맥혈은 생명의 영과 합쳐진 다음, 온몸 구석구석으로 운반되어 생명의 기운을 나누어 준다.

갈레노스의 마지막 체계는 '신경 체계'이다. 동맥혈 중 일부는 뇌에 도착해 괴망이라는 동맥 그물을 통과하는데, 이 과정에서 더욱 정제되면서 동물의 영으로 변한다. 동물의 영은 신경을 타고 온몸으로 전달되어 사람들이 감각을 느끼도록 하고, 각 기관이 운동을 하도록 한다.

이처럼 갈레노스의 생리학 체계에서는 서로 다른 영이 각각 다른 체계를 움직였다. 즉 소화·호흡·신경 체계가 완전히 분리되어 있었다. 갈레노스의 3기관 3영혼설은 중세를 거쳐 근대 초에 이르기까지 지배적인 생리학 체계로 자리를 지켰다. 그의 생리학 체계는 매우 정교했고 실제 해부 결과를 어느 정도 반영했기 때문이다.

갈레노스는 심장이나 간과 같은 각 기관이 모두 각자의 의도와 목적을 가지고 있으며, 그것들이 모두 신이 설계한 신성한 산물이라고 믿었다. 이러한 그의 생각은 이슬람교와 기독교의 종교적인 세계관에 아주 잘 맞았다. 종교와의 조화는 갈레노스 의학 체계가 오랫동안 의학 교육을 지배할 수 있었던 원동력이었다.

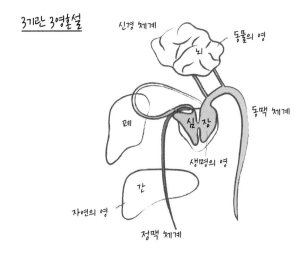

해부학이 발달하며 갈레노스의 이론이 흔들리다

과학 혁명 시기를 거치면서 갈레노스의 생리학 체계는 뿌리째 흔들렸다. 변화를 가져온 주인공은 의사이자 생리학자였던 윌리엄 하비(William Harvey, 1578~1657)였다. 당시까지만 해도 학문의 변두리였던 영국에서 태어난 하비는 천 년 이상 정설로 받아들여진 갈레노스의 생리학 체계가 잘못되었다고 주장하는 논문을 발표했다. 그의 논문에는 혈액이 매일 새로 만들어져서 소모되는 것이 아니라 한번 만들어진 혈액이 인체를 끊임없이 순환한다는 이론이 실려 있었다. 혈액 순환 이론 발표는 갈레노스의 의

● 윌리엄 하비 하비는 혈액 순환 이론을 주장해 근대 생리학의 기틀을 다졌다.

학을 근대적 의학으로 대체한 혁명적인 사건이었다.

　하비의 새로운 생리학 체계는 그 이전까지 이루어진 여러 해부학적 발견들을 기초로 정립되었다. 하비가 태어나기 이전인 15세기까지 의대의 해부학 수업은 교수가 갈레노스의 해부학 지식을 하나씩 말하면 조수들이 인체를 해부하면서 그 이론을 확인하는 방식으로 진행되었다. 하지만 15세기를 지나면서 해부학 분야에서는 큰 변화가 일어났다. 연구자가 자신의 손으로 직접 해부하는 것을 중시하기 시작한 것이다.

　해부학에서 일어난 변화를 대표하는 예로 르네상스 시기의 인물인 레오나르도 다빈치(Leonardo da Vinci, 1452~1519)를 들 수 있다. 다빈치는 총 30여 구의 시체를 해부하고 정교한 해부도를 그렸다. 그는 왁스를 이용해 뇌실 모형을 제작하거나, 안구 모양을 일정하게 유지하기 위해 달걀흰자에 안구를 담아서 가열한 뒤 눈의 내부 구조를 관찰하는 등 해부를 위한 새로운 방법을 도입하기도 했다.

　르네상스 말 가장 유명한 해부학자는 벨기에 출신의 의사 안드레아스

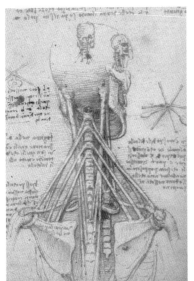
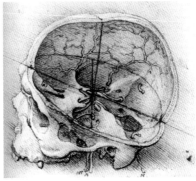
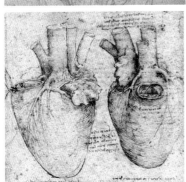
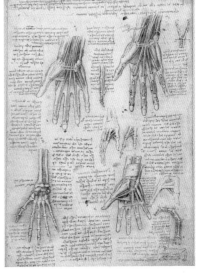

○ 다빈치의 해부도 다빈치가 그린 인체 기관들이다. 인체를 직접 해부해 관찰하고 그림을 그렸기 때문에 각 기관들이 정확하고 정교하게 표현되어 있다.

○ 《인체 구조에 관하여》의 삽화 베살리우스의 이 책에는 정교한 인체 해부도가 여럿 실려 있다.

베살리우스(Andreas Vesalius, 1514~1564)였다. 베살리우스는 증조부부터 아버지까지 모두 왕의 주치의를 지낸 집안에서 자랐기 때문에 어렸을 때부터 해부 현장을 많이 접할 수 있었다. 1533년에 파리 대학교에 들어간 베살리우스는 교수가 인체를 직접 해부하지 않고 갈레노스의 책을 읽기만 하면서 내용을 무비판적으로 받아들이는 해부 수업 방식이 잘못되었다고 생각했다. 그는 이후 고향으로 돌아가 독학으로 해부학 연구에 전념하다가 1537년에 당시 최고의 의과 대학이 있던 이탈리아의 파도바 대학교에 들어갔다. 베살리우스는 졸업 후 23살의 젊은 나이로 파도바 대학교의 해부학과 외과학을 담당하는 교수가 되었다. 베살리우스는 자신이 직접 해부를 시범하며 학생들을 가르쳤고, 필요한 해부용 기구들을 주문해서 사용하기도 했다.

베살리우스는 1543년에 자신의 인체 연구 결과를 담은《인체 구조에 관하여》를 출판했다. 코페르니쿠스가《천구의 회전에 관하여》를 발표한 해와 같은 해였다.《파브리카》라는 이름으로 더 잘 알려져 있는《인체 구조에 관하여》는 7권으로 되어 있으며, 정교한 인체 해부도를 포함하고 있다. 이 책은 큰 반향을 불러일으켰다.

《인체 구조에 관하여》에서 베살리우스는 직접 인체를 해부해서 갈레노스 이론에 있는 오류를 200개 이상 찾아냈다고 밝혔다. 갈레노스는 정맥을 따라 우심실로 들어간 피의 일부가 격막 구멍을 통해 좌심실로 간다고 설명했지만, 베살리우스는 면밀한 관찰로 그런 격막 구멍은 존재하지 않는다는 결론을 내렸다. 또 갈레노스에 의하면 폐에서 심장으로 들어오는 혈관 속에는 폐에서 심장으로 전달되는 공기만이 들어 있어야 했는데, 베살리우스는 이 혈관에도 혈액이 들어있는 것을 관찰할 수 있었다.

베살리우스는 갈레노스의 생리학 체계에서 오류를 많이 찾았음에도 불구하고 그것을 대체할 새로운 이론을 세우는 데까지 나아가지는 못했다. 기본적으로 해부를 할 때 갈레노스의 체계를 따라서 했기 때문이다.

이후에도 여러 의사들이 갈레노스 이론의 문제점을 지적하고 인체에 대한 해부학적 이해를 조금씩 높여 나갔다. 에스파냐의 의학자이자 신학자이면서 베살리우스의 친구이기도 했던 미카엘 세르베투스(Michael Servetus, 1511~1553)는 혈액이 우심실에서 폐로 나가 폐에서 신선한 공기를 얻은 후 다시 좌심실로 들어온다는 폐순환 과정을 최초로 밝혀냈다. 베

◑ 해부학 실습 강의실 1594년에 파브리치우스의 요청으로 파도바 대학교에 만들어진 최초의 해부학 전용 실습 강의실이다. 최대한 많은 사람이 가까이에서 인체 해부 장면을 볼 수 있도록 만들어졌다.

살리우스의 제자이자 파도바 대학교의 교수였던 마테오 레알도 콜롬보(Matteo Realdo Colombo, 1515~1559)도 혈액이 폐를 통과하고 나면 색깔이 선명한 붉은색이 된다는 점을 들어 폐순환을 주장했다. 당시 파도바 대학교는 이처럼 의학, 특히 해부학이 아주 발달했고 우수한 교수들이 포진해 있었다.

하비에게 가장 큰 영향을 미쳤던 해부학자는 베살리우스의 제자이기도 했던 히에로니무스 파브리치우스(Hieronymus Fabricius, 1537~1619)일 것이다. 하비는 케임브리지 대학교를 졸업하고 1598년에 당시 인체 해부학의 중심지로 여겨지던 이탈리아의 파도바 대학교에 유학을 갔는데, 이때

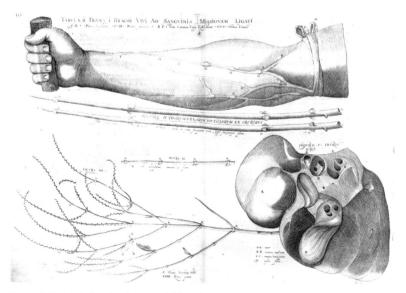

○ 《정맥의 판막에 관하여》 삽화 파브리치우스가 1608년에 쓴 《정맥의 판막에 관하여》에 있는 정맥과 판막 그림이다. 위 그림은 팔뚝 정맥의 판막 위치를 나타낸 것이고, 아래는 정맥을 잘라 판막의 존재를 확인한 것이다.

하비를 가르쳤던 스승이 바로 파브리치우스였다. 플라톤이 아리스토텔레스를 가르쳤듯이 베살리우스는 파브리치우스를, 파브리치우스는 다시 하비라는 걸출한 제자를 길러 낸 것이었다.

하비가 파도바 대학교를 졸업할 즈음, 파브리치우스는 아주 중요한 발견을 했다. 바로 정맥에 있는 판막의 존재를 알아낸 것이었다. 파브리치우스는 팔을 끈으로 동여매면 판막이 있는 곳의 혈관이 부풀어 오르는 모습을 사람들에게 공개적으로 보여 주었다. 파브리치우스는 판막이 혈액의 속도를 조절해 신체 각 부분에 혈액이 적절한 양만큼 공급되도록 한다고 생각했다. 판막의 발견은 혈액의 흐름에 관한 갈레노스의 이론을 깰 수 있는 중요한 단서였지만 정작 파브리치우스 자신은 중요성을 잘 인식하지 못했다.

하비는 판막의 중요성을 바로 알아챘다. 갈레노스는 간에서 생성된 혈액이 정맥을 따라서 인체 각 부분에 도달한다고 설명했지만, 하비가 보기에 판막은 피가 심장 쪽으로만 이동하도록, 즉 피가 역류하지 못하도록 하는 역할을 했다. 하비는 '판막이 있는 한 피가 정맥을 따라서 온몸으로 전달될 수는 없다.'라고 생각했고, 갈레노스의 이론을 의심하기 시작했다.

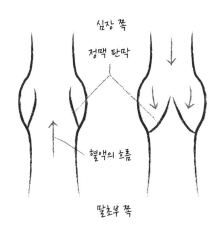

하비, 혈액 순환을 실험으로 증명하다

유학을 마치고 영국에 돌아온 하비는 의사로서 성공했고, 영국 국왕 제임스 1세와 찰스 1세의 주치의가 되었다. 하비는 주치의로 있으면서 그와 별개로 해부학 실험과 관찰을 계속했다.

계속되는 실험을 통해 하비는 그 이전까지 사람들이 믿었던 것처럼 심장이 우심실과 좌심실 2개의 방으로 이루어진 것이 아니라, 4개의 방으로 구성된다는 사실을 알아냈다. 바로 우심방과 우심실, 좌심방과 좌심실이다. 또한 그는 각 심방과 심실이 각각 어느 혈관과 연결되어 있는지를 알아냈으며, 이를 통해 폐순환 경로를 확인했다. 하비는 심장이 수축할 때 혈액이 심장을 나가고, 반대로 심장이 이완할 때 혈액이 심장 안으로 들어온다는 점도 알아냈으며, 동맥과 정맥의 차이점도 찾아냈다. 하비는 해부학적 성과들을 바탕으로 점차 갈레노스 이론이 틀렸다는 확신을 가졌다.

마침내 하비는 1628년에 왕과 의사들에게 바치는 헌정 서문으로 시작되는 〈동물의 심장과 혈액의 운동에 관한 해부학적 연구〉를 발표했다. 이 논문에서 하비는 정맥 체계와 동맥 체계를 분리했던 갈레노스 체계를 완전히 거부했다. 대신 그는 혈액은 몸 전체를 순환하며, 동맥과 정맥이 분리되어 있는 것이 아니라, 둘이 함께 모여 하나의 거대한 순환 체계를 구성한다는 혁신적인 주장을 내세웠다.

하비의 '혈액 순환 이론'에 따르면 좌심실이 뛰면서 혈액이 대동맥을 통해 온몸에 공급된다. 각 기관에 도달한 혈액은 갈레노스의 체계와는 달리 소모되어 사라지는 것이 아니라 다시 대정맥을 통해 우심방으로 들어온다. 우심방의 피는 우심실로 가고, 우심실에서 폐동맥을 따라 폐로 간 다음, 폐에서 폐정맥을 통해 좌심방으로 돌아온다. 좌심방에서 피는 좌심실로 내려간 다음 다시 순환을 시작한다. 같은 혈액이 동맥과 정맥을 모두 통과하는 것이다.

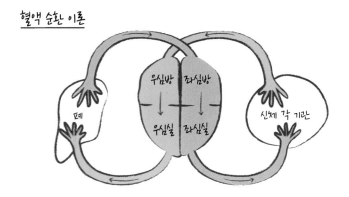

혈액 순환 이론

우심방 좌심방

폐

우심실 좌심실

신체 각 기관

　하비는 자신의 이론을 명확히 하기 위해 이 시기에 등장한 새로운 과학 연구 방법을 도입했다. 16~17세기 과학 혁명 시기의 과학 연구는 자연을 수학적으로 이해하는 신플라톤주의, 인간이 자연과 소통함으로써 자연에 영향을 미칠 수 있다고 여긴 헤르메스주의, 그리고 자연의 신비한 힘을 인간을 위해 이용하려는 자연 마술의 영향을 받았다. 이에 따라 당시에는 수학적으로 자연을 이해하거나 실험으로 지식을 얻는 새로운 연구 방법이 퍼져 나가고 있었다. 낙하 속도와 이동 거리의 관계를 나타내는 공식처럼 자연 현상을 수학식으로 표현하는 현상도 이 시기에 등장했으며, 공기 펌프를 이용해 진공을 만드는 것처럼 환경을 통제해 지식을 생산하는 실험도 이 시기에 과학 연구 방법으로 자리 잡았다.

　하비 역시 혈액이 순환한다는 자신의 주장을 증명해 보이기 위해 실험을 도입했다. 하비는 자신이 실험적 증거를 근거로 혈액 순환 이론을 만들어 냈다는 점을 확실하게 보여 주고 싶었다. 하비는 판막이 혈액의 역류를 방지하고 혈액이 말단 정맥에서 심장 쪽으로 흐르게 한다는 사실을 증명하려고 했다. 이를 위해, 혈관에 철사를 꽂아 철사가 한쪽 방향으로만 잘 들어가는 것을 공개적으로 보였다.

하비는 팔을 끈으로 묶은 다음 정맥 속에서는 혈액이 심장 방향으로만 흐른다는 것을 직접 보여 주기도 했다. 그는 팔을 꽉 묶었을 때 혈관이 중간중간 볼록하게 팽창되는 이유가 판막 때문이라고 설명했다. 이때 판막 사이의 혈액을 손끝 방향으로 세게 밀어도 혈액은 판막을 넘어 손끝 쪽으로 이동하지 못한다. 이 실험은 정맥을 통해 온몸에 혈액이 공급된다는 갈레노스의 이론이 잘못되었다는 결정적인 증거가 되었다. 하비는 판막이 대동맥과 폐동맥에도 있어서 심장을 나온 피가 그대로 다시 심장으로 돌아갈 수 없게 한다는 것도 알아냈다.

하비는 혈액이 동맥에서 정맥으로 건너간 다음 다시 심장으로 돌아온다는 것을 증명하기 위한 실험도 고안했다. 하비는 먼저 결찰사라는 수술용 실로 팔을 동여매서 동맥과 정맥 속의 혈액 흐름을 모두 차단했다. 그러자 결찰사로 동여맨 부분의 위쪽 동맥이 피로 가득 차올랐다. 그런 다음 정맥을 묶은 부분은 그대로 두고 동맥만 풀었더니, 묶은 부분의 아래에 있는 정맥이 부풀어 올랐다. 혈액이 동맥에서 정맥 쪽으로 건너온 것이다.

동맥과 정맥 사이에는 모세 혈관이 있어서 이 둘을 연결한다. 동맥에 있던 피가 모세 혈관을 거쳐 정맥으로 이동하는 것이다. 하지만 하비가 살던 당시까지만 해도 모세 혈관에 대한 지식이 없었기 때문에 그는 단순히 각기관 안에서 피가 동맥에서 정맥으로 바로 이동한다고만 생각했다.

하비의 논증에 있는 또 하나 중요한 특징은 그가 정량적인 방법을 도입해서 반박할 수 없는 논리를 폈다는 점이다. 하비는 혈액 순환 이론을 설

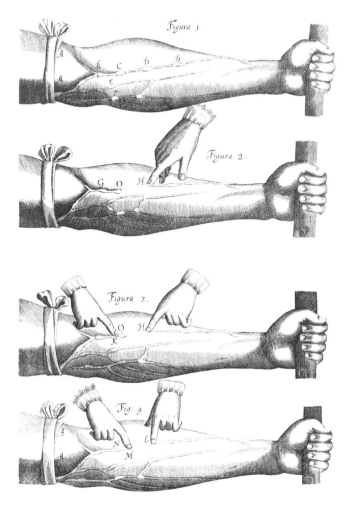

◎ 하비의 판막 실험 혈관이 부풀어 오르는 부분에 판막이 있다. O 아래쪽을 손가락으로 눌러 혈
액을 H쪽으로 밀어내 정맥을 비웠지만, O와 G 사이에는 여전히 정맥이 솟아 있다. O와 G 사이에
있는 혈액을 H쪽으로 밀어도 비어 있는 정맥은 채워지지 않는다. 정맥혈이 손끝 방향으로는 이동
하지 못한다는 의미이다. 혈액 흐름을 막고 있던 손가락을 떼면 정맥은 손가락에서 가까운 곳부터
차오른다.

명하면서 수학을 끌어들였다. 하비의 계산은 매우 단순했지만, 최초로 생리학에 수학적 계산 방식을 도입했다는 의의가 있다. 또한 이 시도는 그의 이론에 상당한 설득력을 부여했다.

하비는 심장에서 나가는 혈액의 양을 수학적으로 계산했다. 이때 그는 혈액의 수치를 최소한으로 잡았다. 하비는 먼저 좌심실이 최대한 확장될 때 좌심실에 들어갈 수 있는 혈액의 양을 약 57g 정도로 상정했다. 하비가 제시한 이 수치는 자신이 해부했던 시체의 좌심실에 들어 있던 혈액의 양을 기준으로 정한 것이었다. 다음에 하비는 심장이 한 번 박동할 때 좌심실에서 밀려 나오는 혈액의 양을 약 7g 정도로 아주 적게 잡았다. 만약 심장이 30분 동안 1,000번 정도 박동한다고 하면, 심장이 30분 동안 방출하는 혈액의 양은 약 7kg이 된다. 하비의 방식으로 계산하면 심장이 하루 종일 방출하는 혈액의 총량은 300kg 정도이다.

실제로 좌심실에서 하루 동안 온몸을 향해 방출하는 혈액의 양은 약 8,000L이다. 여기에 우심실에서 폐로 방출하는 혈액의 양까지 합치면, 심장이 하루에 방출하는 혈액의 양은 약 16,000L, 즉 16t이 된다. 이렇게 비교해 보면 하비가 혈액의 양을 계산한 결과는 실제에 턱없이 못 미치는 적은 수치였다. 300kg이라는 숫자가 의미하는 것은 무엇이었을까?

하비가 혈액량 계산으로 증명하려고 했던 것은 명확하다. 매일 먹는 음식을 이용해서 하루에 300kg이나 되는 혈액을 만들어 낼 수는 없다는 것이었다. 하루에 섭취하는 음식물에서 나올 수 있다고 보기에는 하루 동안 심장을 지나가는 혈액의 양이 지나치게 많다. 하비는 이런 정량적 고찰을 통해 피가 소모되지 않고, 심장에서 나와 동맥을 통해 신체의 말단까지 갔

○ 〈찰스 1세에게 혈액 순환 체계를 설명하는 윌리엄 하비〉 19세기 후반부터 20세기 초반까지 활동한 화가 어니스트 보드가 그린 그림이다.

다가 정맥을 통해 심장으로 돌아오는 순환 운동을 한다는 사실을 명확하게 증명했다.

실험과 수학적인 방식을 이용해 혈액 순환 이론을 도출해 냈음에도 불구하고 하비는 갈레노스의 이론을 반박하는 데 심리적인 부담을 느꼈다. 그래서 자신의 논문을 동료 의사들과 국왕에게 헌정함으로써 혈액 순환 이론에 권위를 부여하고자 했다.

이제부터 제기할 주장은 너무 생소하고 꿈도 꾸지 못했던 것이기 때문에, 나는 몇몇 사람들의 악의에 찬 음해가 겁나기도 하고, 모든 사람을 적으로 삼을 것 같아 무척 두렵다. 이는 사람이 습관이나 학설을 일단 흡수하여 뿌리까 하비의 우려에도 불구하고 그의 혈액 순환 이론은 빠른 속도로 학자들에게 수용되었다. 지구가 태양 주위를 돈다는 코페르니쿠스의 주장이 완전히 받아들여지는 데는 150년이라는 시간이 걸렸지만, 하비의 혈액 순환 이론이 보편적으로 수용되는 데는 30년밖에 걸리지 않았다.

혈액 순환 이론에 영향을 준 이론들

하비는 어떤 사회적·학문적 영향을 받아서 혈액 순환 이론을 떠올릴 수 있었을까? 물론 하비의 혈액 순환 이론 확립에는 실험과 정량적 사고방식을 중시하던 당시의 학문적 분위기의 영향이 있었다. 하지만 그 외에도 여러 요인이 복합적으로 작용했다.

하비에게 영향을 준 요인 중 하나는 당시에 널리 퍼져 있었던 기계적 철학이다. 기계적 철학자들은 자연을 시계와 같은 거대한 기계로 보았다. 이들은 세계를 구성하는 근본적인 존재가 물질과 운동이라고 생각했기 때문에 자연의 모든 현상을 물질의 운동과 충돌로 설명하고자 했다.

과학 혁명 시기, 프랑스의 자연철학자이자 수학자였던 르네 데카르트

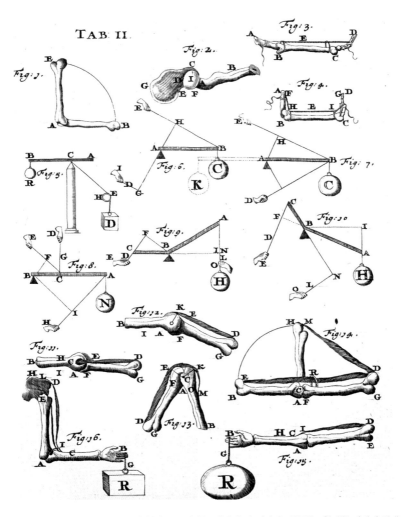

◑ 보렐리의 관절 삽화 기계적 철학자인 보렐리는 인체의 각 기관이 작동하는 원리를 기계에 빗대 설명했다.

(René Descartes, 1596~1650)는 기계적 철학을 크게 발달시켰다. 예를 들어 데카르트는 수많은 나사 모양 미립자의 운동을 이용해 금속과 자석 사이의 자기력을 설명했다. 데카르트에 따르면 자석에는 눈에 보이지 않는 작은 구멍들이 뚫려 있는데, 이 구멍을 뚫고 나온 작은 입자들의 흐름이 자기력을 만든다. 이 미립자들은 왼손 나사 혹은 오른손 나사처럼 생겼으며, 그것들이 물체를 통과하면서 물체를 자석 쪽으로 끌어당기거나 밀어낸다. 데카르트는 이런 방식으로 물질의 운동을 이용해 자연물과 자연 현상을 설명했다.

데카르트의 기계적 철학은 생리학 분야에까지 영향을 미쳤다. 17세기 말의 많은 생리학자들은 기계적 철학자였다. 이탈리아의 수학자이자 물리학자, 생리학자였던 조반니 알폰소 보렐리(Giovanni Alfonso Borelli, 1608~1679)를 그 대표자로 꼽을 수 있다. 생리학을 역학의 일부라고 생각했던 보렐리는 인체를 이해하기 위해 기하학과 역학을 활용했다. 그는 심장은 압축기로, 뼈는 지렛대로, 근육은 탄성체로 보며 인체의 작동 원리를 기계처럼 설명하고자 했다. 보렐리에게는 인간의 소화 과정도 뭉개고 부수는 기계적인 과정이었다. 하비도 기계적 철학의 영향을 받아 심장의 작동을 펌프에 비유했다. 인체를 지렛대, 도르래, 체, 펌프 같은 기구에 빗대어 나타내는 기계적 철학의 설명 방식은 17세기 생리학자들이 인체의 기능을 이해하는 데 상당히 효과적이었다.

하비의 혈액 순환 이론 탄생에 영향을 끼친 또 다른 요소는 아리스토텔레스의 기상학이었다. 하비는 아리스토텔레스의 순환 운동 개념에서 힌트를 얻어 심장에서 나간 혈액이 다시 심장으로 돌아오는 원과 같은 운동이 있을 것이라는 생각을 떠올렸다. 하비는 "아리스토텔레스가 공기와 비가 천체의 회전 운동을 본뜬다고 말했던 것과 같은 의미에서" 혈액 순환 운동을 순환 운동이라고 불렀다.

> 태양에 의해 가열된 지상의 습기는 증기를 내뿜고, 상승한 증기는 응축되어 떨어져 다시 땅을 적신다. 이런 수단에 의해 만물은 자란다. 마찬가지로 폭풍과 혜성도 태양이 순환 운동하면서 가까이 왔다가 멀어짐에 따라 발생한다. 그러므로 비슷한 일이 피의 운동에 의해 우리 몸 안에서 일어난다.
>
> ─ 윌리엄 하비, 《동물의 심장과 피의 운동에 대한 해부학적 논고》
>
> (홍성욱 편역, 《과학고전선집》, 316쪽)

하비에게 영향을 준 사상
신플라톤주의 ─ 수학적 계산 중시
헤르메스주의 ─ 실험 중시
기계적 철학 ─ 인체를 기계로 바라봄
아리스토텔레스의 순환 운동 ─ 원운동의 존재

이처럼 하비는 정량적 사고 방법, 실험을 중시하는 경향, 기계적 철학 등 과학 혁명 당시의 학문적 변화를 자신의 혈액 순환 이론을 논증하는 데 적극적으로 이용했다. 하지만 하비가 가졌던 한계 또한 분명하다.

첫 번째 한계는 앞서 살펴본 바와 같이 하비가 순환이라는 개념 자체를 아리스토텔레스로부터 차용해 왔다는 점이다. 과학 혁명 시기는 아리스토텔레스로 대표되는 고대·중세 과학이 근대 과학으로 대체되는 과정이었다. 따라서 하비가 아리스토텔레스로부터 영감을 얻은 것은 당시의 학문적 분위기에 역행한 것이라고도 볼 수 있다.

둘째는 하비가 가졌던 목적론적 사고방식이다. 그는 자연의 모든 것이 목적을 가지고 만들어졌다고 생각했다. 따라서 대동맥이 다른 혈관들보다 크게 만들어진 데에는 어떤 목적이 있을 것이라고 생각했다. 자연물의 구조와 생김새를 통해 그것이 만들어진 목적을 추론할 수 있다고 믿었던 것이다. 이러한 목적론적 사고는 고대 그리스로부터 시작된 오래된 개념으로, 하비는 여기서 벗어나지 못했다.

마지막 한계는 혈액의 역할에 대한 그의 생각에 여전히 '정기'에 대한 당시의 관념이 들어 있다는 점이다. 하비는 온몸을 돈 혈액이 다시 심장으로 돌아가는 이유가 스스로의 덕성을 회복하기 위해서라고 생각했다. 하비에 의하면 동맥을 통해 좌심실에서 나가는 혈액은 활기가 있지만, 신체의 각 부분에 이르면 차게 식고, 활기를 잃어 탁해지고, 능력을 잃는다. 그래서 혈액은 "자신의 근원이자 신체의 내밀한 사원인 심장"으로 되돌아가서 덕성을 회복한다.

하비 혈액 순환 이론의 한계
아리스토텔레스에서 순환 개념 차용
목적론적 사고방식
정기 개념에서 탈피하지 못함

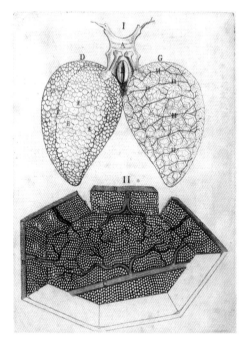

● 모세 혈관 삽화 말피기는 폐에서 폐포와 모세 혈관을 발견했다. 왼쪽 폐(D)는 폐포로 둘러싸인 모습이고 오른쪽 폐(G)는 폐포를 둘러싼 모세 혈관을 그린 것이다.

하비의 이론이 지닌 한계는 당시의 학문적 상황에서는 어쩔 수 없는 일이기도 했다. 당시에는 아직 산소 개념이 없었기 때문에 설명할 수 없는 것들이 많았다. 온몸을 돌아 심장으로 들어온 혈액이 왜 폐에 갔다 와야 하는지, 또 폐를 돌아 나온 혈액은 왜 다른 부분의 혈액보다 더 선명한 붉은색을 띠는지 등의 의문을 해소할 방도가 없었다. 산소 개념은 하비의 혈액 순환 이론이 확립되고 약 150년 후에야 등장했다. 이를 생각해 보면 혈액이 순환하는 이유가 조직 세포에 산소와 영양소를 공급하기 위해서라는 사실을 당시에 알 수 없었던 것은 당연한 일이었다.

하비는 동맥을 통해 몸의 각 부분에 도착한 혈액이 어떻게 정맥으로 들어가는지도 설명할 수 없었다. 당시에는 아직 모세 혈관이 발견되지 않았기 때문이었다. 1661년에 이탈리아의 생물학자이자 의사였던 마르첼로 말피기(Marcello Malpighi, 1628~1694)가 폐와 신장 등에서 모세 혈관의 존재를 확인한 뒤에야 비로소 동맥에서 모세 혈관, 모세혈관에서 정맥으로 이어지는 혈액의 흐름이 정확하게 밝혀졌다.

이런 여러 한계에도 불구하고 하비의 혈액 순환 이론은 근대적 생리학의 시발점으로 여겨진다. 철저한 관찰과 실험, 정량적 계산 방식, 합리적인 추론에 바탕을 두고 만들어진 하비의 혈액 순환 이론은 코페르니쿠스 혁명에 비견될 정도로 근대 생리학 발전에 중요한 기여를 했다. 따라서 오늘날 많은 과학사학자들은 하비를 '생리학 혁명을 시작한 사람'으로 부른다.

베르나르, 인체의 기능을 밝혀 19세기 생리학을 발전시키다

17세기 초에 하비는 근대 생리학 혁명을 촉발했다. 하비가 만들어 낸 근대 생리학이 화학적·물리적 방법을 이용하는 견고한 학문 분야로 자리 잡은 것은 19세기 들어서였다. 프랑스의 생리학자 프랑수아 마장디(Francois Magendie, 1783~1855)는 생명 현상의 원리를 오로지 화학적·물리적 방법을 이용해야만 알아낼 수 있다고 믿었다.

19세기의 생리학 발전에 가장 큰 공헌을 한 생리학자는 마장디의 제자였던 클로드 베르나르(Claude Bernard, 1813~1878)였다. 베르나르는 근대 실험 의학을 창시했다고 평가받는다. 젊은 시절 극작가가 되기를 꿈꾸었던 베르나르는 평론가로부터 혹평을 받고 나서 꿈을 접고 의학을 공부하

◐ 클로드 베르나르 근대 실험 의학을 창시한 베르나르는 인체의 다양한 기능을 알아냈다.

기 시작했다. 베르나르는 자신의 스승 마장디를 따라 철저하게 실험에 기반을 둔 생리학 연구 체계를 발달시켰다.

베르나르는 실험을 통해 인체 여러 기관의 역할을 밝혀냈다. 베르나르는 소화가 위에서만 진행된다는 당시의 통념을 깨고, 이자(췌장)에서 나온 이자액이 소장에서 음식물을 소화시킨다는 사실을 알아냈으며, 이자액에 있는 지방 분해 효소도 발견했다. 또한 그는 간의 기능에 관한 연구도 진행했다. 그 결과 동물의 간에는 글리코겐이 저장되어 있으며, 필요에 따라 이 글리코겐이 당으로 분해되어 생활 에너지로 이용된다는 점도 알아냈다. 글리코겐과 당이 서로 변해서 혈액 속에 있는 당의 양이 일정하게 조절된다는 사실을 알아낸 것도 베르나르였다.

베르나르는 인체가 외부 환경에 적응해 몸의 내부 상태를 항상 일정하게 유지한다는 항상성 개념을 생각해 냈다. 예를 들어 우리 몸은 더운 날에는 혈관을 팽창시켜 열을 방출하고 추운 날에는 피부의 혈관을 수축시켜 열의 방출을 막는 작용이 자율적으로 일어나서 체온을 일정하게 유지한다. 베르나르의 모든 발견은 철저하게 실험을 통해 이루어졌다.

베르나르는 연구 결과를 정리해 1865년에 《실험의학서설》을 출판했다. 이 책은 생리학 역사의 전환점을 나타내는 이정표였다. 《실험의학서설》은 실험생리학을 확고한 학문 분야로 만드는 데 기여했다.

생리학이 견고한 학문 분야로 인정받았음을 보여 준 대표적인 예로는 러시아의 생리학자 이반 페트로비치 파블로프(Ivan Petrovich Pavlov, 1849~1936)의 1904년 노벨 생리의학상 수상을 들 수 있다. 파블로프는 1902년부터 개를 대상으로 대뇌와 신경 활동을 연구했다. 처음 종소리를 들려주었을 때 개는 침을 흘리지 않았다. 연구원은 개에게 먹이를 주기 전마다 종소리를 들려주었고, 이 과정이 반복되자 나중에 개는 종소리만 들어도 침을 분비했다. 이는 반복적인 학습으로 개가 종소리와 먹이의 상관관계를 알게 되어 종소리에 무조건적으로 반응했다는 의미이다. 파블로프는 이런 반사를 조건 반사라고 불렀다. 조건 반사는 신경 작용에 관한 이해 수준을 한 단계 높였다.

17세기까지 주로 인체를 연구했던 생리학은 19세기 들어서 연구의 지평을 확장했으며 20세기 이후에도 영역을 점점 넓혀 가고 있다. 생리학은 오늘날 자연과학의 한 분야로서 세포, 조직, 기관으로 이어지는 생물체의 여러 기능을 이해하는 데 도움을 주며, 인간과 자연을 폭넓게 이해하기 위한 기반을 제공한다.

혈액형이란 적혈구의 세포막에 있는 당단백질에 따라 혈액의 종류를 구분한 것이다. 적혈구 세포막의 당단백질을 보통 항원 또는 응집원이라고 한다. 항원 종류에 따라 세세하게 구분하면 혈액형은 500가지 이상이 되는데, 혈액형을 나누는 방식 중에서도 ABO식 혈액형과 Rh식 혈액형이 가장 많이 이용된다.

ABO식 혈액형과 Rh식 혈액형을 발견한 사람은 오스트리아 출생의 미국 생물학자 카를 란트슈타이너(Karl Landsteiner, 1868~1943)였다. 그는 1901년에 적혈구가 다른 사람의 혈청과 만날 때 응집하는 현상을 연구해 ABO식으로 혈액형을 구분했다. 란슈타이너는 1940년에 Rh식 혈액형도 구분해 냈다.

ABO식 혈액형에서는 혈액형을 A형, B형, AB형, O형으로 나눈다. A형인 사람의 적혈구에는 항원 A가 있고, 혈장에는 항체 β가 들어 있다. 반면 B형 사람은 항원 B와 항체 α를 지닌다. A형 사람에게 B형 피를 수혈하면, A형 혈액 속의 항체 β와 주입된 혈액의 항원 B가 응집 반응을 일으킨다. 즉, 혈액이 굳어 버린다.

ABO식 혈액형이 사람 혈액 간의 항원 항체 반응을 이용해 구분한다면, Rh식 혈액형은 동물 혈액과 사람 혈액 사이의 항원 항체 반응으로 구분한다. 붉은털원숭이의 혈액을 토끼에게 주사하면 토끼의 혈액에 붉은털원숭이의 혈액에 대한 항체가 생성된다. 이 항체가 들어 있는 혈청과 사람의 혈액을 섞었을 때 응집 반응이 일어나면 Rh+형, 응집 반응이 일어나지 않으면 Rh−이다.

혈액형을 구분하기 이전에는 수혈 도중에 혈액이 응집해 환자가 쇼크로 죽는 경우가 많았다. ABO식 혈액형과 Rh식 혈액형이 밝혀지면서 수혈이 보다 체계적으로 이루어졌다. 이 두 혈액형만 일치하면 수혈로 인해 문제가 생기는 경우는 거의 없다.

생리학은 인체 기능을 연구하는 학문 분야로 고대 그리스에서부터 의학의 한 분야로 시작되었다. 의사였던 히포크라테스는 인체의 기능을 체계적으로 설명하기 위해 4체액설을 세웠다. 2세기에 활동한 갈레노스가 고대 의학 체계를 완성했는데, 그는 3기관 3영혼설을 기반으로 한 생리학 체계를 만들었다. 갈레노스의 생리학 체계에서는 정맥 체계와 동맥 체계, 그리고 신경 체계가 분리되어 있었다. 그는 르네상스 시기까지 큰 영향을 끼쳤다.

르네상스 시기에는 직접적인 해부로 얻은 지식을 바탕으로 인체의 생리 체계를 이해하려는 해부학자들이 다수 등장했다. 베살리우스, 세르베투스, 콜롬보 등이다. 특히 베살리우스의 제자였던 파브리치우스는 정맥에서 판막을 발견함으로써 혈액 순환 이론이 등장할 발판을 마련했다.

파브리치우스의 제자였던 하비는 판막의 역할은 혈액이 한 방향으로만 흐르게 하는 것이며, 정맥 속 혈액은 언제나 심장을 향해 움직인다고 생각했다. 하비는 이를 바탕으로 심장에서 나간 혈액이 온몸을 순환하고 다시 심장으로 돌아온다는 혈액 순환 이론을 만들었다. 하비는 동맥 체계와 정맥 체계가 분리되어 있다는 갈레노스 이론을 부정하고, 같은 혈액이 동맥과 정맥을 모두 통과한다고 주장했다.

혈액 순환 이론을 증명하기 위해 하비는 다양한 실험을 실시했고, 심장에서 나가는 혈액의 양을 계산하는 수학적인 방법을 생리학에 도입했다. 하비는 심장을 펌프에 비유하는 등 기계적 철학의 영향도 받았다. 하비의 혈액 순환 이론은 산소 교환이나 모세 혈관과 같은 중요한 요소들이 빠진 이론이었지만, 고대 갈레노스의 생리학 체계를 폐기하고 근대 생리학이 등장하는 시발점이었다는 의의가 있다.

린네, 생물을
나누는 규칙을 만들다

린네 분류 체계와 분류학

자연을 관찰하는 사람은
온 세상에 신의 영광이 가득하다는 사실을 알고 감탄하게 된다.
- 칼 폰 린네 -

17세기 이전까지 유럽인이 알았던 생물의 수는 6,000여 종에 불과했다. 현재 우리가 알고 있는 생물이 200만 종가량 된다는 사실과 비교해 보면 턱없이 적은 수이다. 하지만 대항해 시대에 유럽인들이 발달한 항해 기술을 바탕으로 지구의 여러 지역을 탐사하기 시작하면서 새로운 생물에 대한 정보들이 유럽으로 쏟아져 들어왔다. 18세기에 유럽인들이 알게 된 생물 종은 이전 세대와 비교했을 때 2배가 넘었다.

많은 수의 새로운 생물 종들을 접하면서 동식물과 광물을 연구하는 자연학자들은 생물의 정보를 어떻게 기록하고 어떻게 분류할 것인지 고민했다. 자연학자들은 생물을 사실적으로 기록할 새로운 기록 방식의 필요성을 느꼈다. 이들은 생물을 신속하고 정확하고 체계적으로 분류할 수 있는 체계를 만들려고 했다. 자연학자들의 이런 고민은 근대적 자연사 연구의 탄생으로 이어졌다.

칼 폰 린네(Carl von Linné, 1707~1778)는 바로 이런 시대적 배경 속에서 성장했다. 린네는 전 세계의 다양한 생물학적 지식을 모아 생물들을 하나의 분류 체계로 통합시켜 버렸다. 린네가 사용했던 분류 단위와 명명법은 생물 분류의 표준이 되었다. 시간이 지나면서 좀 더 세분화되기는 했지만 그의 분류 체계는 현재까지도 생물 분류에 사용되고 있다.

아리스토텔레스, 생물을 영혼과 형태로 분류하다

생물 분류란 특정한 기준을 정해 생물을 나누는 일이다. 분류를 연구하는 학문을 분류학이라고 한다. 분류학자들은 분류를 통해 다양한 생물들 사이의 상호 관계를 알고자 한다. 또한 이를 바탕으로 생물 진화의 역사도 연구한다. 분류학은 생물의 다양성과 진화 역사에 관한 학문이라고 할 수 있다.

생물 분류의 역사는 약 3,000년을 거슬러 올라간다. 기원전 11~12세기경에 만들어진 갑골 문자를 분석한 학자들은 고대 중국인들이 형태를 바탕으로 생물을 분류했다는 사실을 알아냈다. 고대 중국인들은 식물은 풀과 나무로 나누고, 동물은 벌레, 물고기, 새, 짐승으로 나누었다. 중국 최초의 사전이라고 할 수 있는 《이아(爾雅)》에도 식물은 풀과 나무로, 동물은 곤충, 물고기, 새, 짐승으로 분류되어 있다.

동물 분류의 선구자는 고대 그리스의 자연철학자인 아리스토텔레스였다. 아리스토텔레스는 분류학자로서 많은 저술을 남겼는데, 《동물의 역사》라는 책에 약 500종이 넘는 동물을 관찰한 결과를 기록해 놓았다.

아리스토텔레스는 생물을 분류할 때 공통적인 속성을 분류의 기준으로 잡았다. 그는 피의 유무가 가장 근본적인 분류 기준이 된다고 생각해 동물을 '유혈동물(有血動物)'과 '무혈동물(無血動物)' 두 범주로 나누었다. 아리스토텔레스는 붉은색의 피만 피라고 생각했기 때문에 청록색 피를 가진 곤충이나 연체동물은 피가 없는 동물로 분류했다. 유혈동물과 무혈동물은 생물의 형태나 구조, 습성에 따라 각각 다시 하위 단위로 분류되었다.

아리스토텔레스의 동물 분류

유혈동물
- 태생사족수 : 새끼를 낳음, 다리 4개 (말)
- 난생사족수 : 알을 낳음, 다리 4개 (도마뱀)
- 해양포유류 : 새끼를 낳음, 물에서 서식 (고래)
- 조류 : 알을 낳음, 다리 2개 (오리)
- 어류 : 알을 낳음, 물에서 서식 (송어)

무혈동물
- 연체류 : 문어, 오징어
- 갑각류 : 게, 가재
- 유각류 : 달팽이, 굴
- 곤충류 : 파리, 모기

아리스토텔레스는 모든 생물 사이에는 서열이 있고, 자연계에서 각 생물의 위치는 정해져 있다고 생각했다. 이런 생각은 영혼에 관한 아리스토텔레스의 이론과 관련이 있다. 아리스토텔레스는 모든 사물이 '질료'와 '형상'의 결합으로 구성된다고 주장했다. 질료는 사물의 본질적인 재료를 뜻하고, 형상은 질료를 이용해 만든 구체적인 실체를 의미했다. 아리스토텔레스에게 있어서 생물의 질료는 몸을 구성하는 각 신체 기관들이었고, 형상은 모든 기관을 하나의 유기체로 엮어주는 원리, 즉 '영혼'이었다.

아리스토텔레스는 영혼의 종류에 따라 생명체를 위계적으로 배열했다. 그는 식물보다는 동물을 더 윗자리에 배열했는데, 식물은 환경의 영향에 따라 생존이 결정되지만 동물은 먹이를 찾아 이동할 수 있기 때문이었다. 동물에게는 식물에게 없는 감각의 영혼이 더 있기 때문에 동물이 더 우위에 있다고 생각했던 것이다.

다음으로 영혼이 자손에게 어떻게 전달되느냐에 따라 동물들을 다시 여러 단계로 나누었다. 그는 동물을 새끼를 낳는 태생과 알을 낳는 난생으로 나누었다. 아리스토텔레스는 체온이 높고 완벽한 동물은 완벽한 새끼를 낳는다고 생각해서 포유류를 동물 중 가장 윗자리에 배치했다. 반면 알을 낳아서 부화시켜 새끼를 낳는 동물은 완전성이 떨어진다고 생각해 그 아래 자리에 배치했다. 가장 체온이 낮고 알조차도 낳지 못하는 무혈동물은 가장 낮은 위치에 있다. 이처럼 아리스토텔레스는 철저히 서열 개념을 바탕으로 생물들을 분류했다.

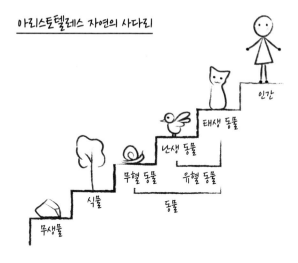

아리스토텔레스가 동물 연구의 선구자였다면, 그의 제자이자 동료였던 테오프라스토스(Theophrastos, 기원전 371~287)는 식물 분류의 선구자였다. 아리스토텔레스는 자신의 스승 플라톤이 죽은 이후 오늘날의 터키에 해

◑ 《식물 연구》 테오프라토스의 저서인 《식물 연구》에는 다양한 식물 삽화가 삽입되어 있다.

당하는 지역인 소아시아 등지를 몇 년 동안 여행했는데, 바로 이때 테오프라스토스를 만났다. 친구가 된 두 사람은 아테네로 함께 돌아갔고, 아리스토텔레스가 세운 학교인 리케이온에서 함께 연구를 계속했다. 아리스토텔레스가 죽고 나서 테오프라스토스는 아리스토텔레스의 뒤를 이어 리케이온을 36년간 이끌었다. 리케이온의 학생 수는 아리스토텔레스가 있을 때보다 테오프라스토스가 이끌었을 때 오히려 더 많았다고 한다.

　아리스토텔레스의 영향을 받아 관찰을 중시했던 테오프라스토스는 약 500종이 넘는 식물을 관찰하고 꼼꼼하게 분류했다. 테오프라스토스는 자신의 연구 결과를 《식물 연구》와 《식물 역사》 등의 책으로 남겼다.

　테오프라스토스는 형태를 기준으로 식물을 키가 큰 나무인 교목, 키 작은 나무인 관목, 줄기가 연한 풀인 초본으로 분류했다. 또한 자라고 죽는 생장 주기에 따라 일년생 식물, 이년생 식물, 다년생 식물로 분류했다. 서식지에 따라서는 육생 식물과 수생 식물로 구분하고, 육생 식물은 다시 계절에 따라 잎이 지는 낙엽 식물과 늘 푸른 상록 식물로, 수생 식물은 서식지에 따라 담수 식물과 염수 식물로 다시 세분했다. 테오프라스토스의 식물 분류 체계는 18세기에 린네가 새로운 분류법을 만들 때까지 계속 사용되었다. 테오프라스토스는 오늘날에도 식물학의 아버지로 불린다.

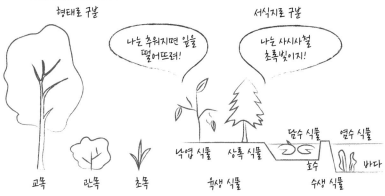

테오프라토스의 식물 분류

형태로 구분 | 서식지로 구분

나는 추워지면 잎을 떨어뜨려!

나는 사시사철 초록빛이지!

교목　　관목　　초목　　　낙엽 식물　상록 식물　　담수 식물　염수 식물

호수　　바다

육생 식물　　　　수생 식물

유럽이 르네상스를 벗어나 과학 혁명의 발을 내디뎠을 즈음, 중국 명나라에서는 이시진(李時珍, 1518~1593)이 27년의 세월에 걸쳐 《본초강목》을 완성했다. 《본초강목》은 모두 52권으로 구성된 방대한 분량의 약학서이다. '본초'란 의학에 사용되는 자연물이며, '강목'은 크고 작게 분류하고 자세히 기술한다는 의미이다. 의사였던 이시진은 치료에 사용할 뿐만 아니라 사물의 이치를 깨닫기 위해 많은 약용 식물을 분류했다. 이시진은 모두 1,892종의 생물을 16부, 60류로 분류했다.

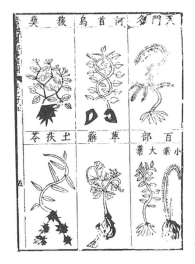

◎ 《본초강목》 삽화 《본초강목》의 산초부에 실린 식물 그림이다.

이시진 이전의 세대는 생물과 인간의 관계를 분류 기준으로 삼는 인위 분류 방법을 주로 이용했다. 그래서 식물은 야생 식물과 곡물로 분류되었다. 이시진은 식물을 분류하는 방법을 바꾸고자 했다. 그는 《본초강목》을 집필하면서 산초부, 곡부, 채부, 과부, 목부를 연속적으로 배치했다. 작은 식물에서부터 큰 식물로 이어지는 서열을 분류에 반영한 것이다. 이는 아리스토텔레스의 자연의 사다리와 비슷한 개념이었다.

《본초강목》의 16부
수부(물) - 화부(불) - 토부(땅) - 금속부(금속) - 석부(돌) - 산초부(초본, 약초)
- 곡부(곡물) - 채부(채소) - 과부(과일) - 목부(목본) - 복기부(옷, 그릇 등)
- 인류(도마뱀, 물고기) - 개부(조개 등) - 금부(새) - 수부(다리가 4개인 동물)
- 인부(사람)

17세기에 접어든 유럽은 격동의 시대를 맞이했다. 유럽인들은 새로운 자연사 연구 방법과 보다 체계적인 생물 분류 방법이 필요해졌다. 이런 변화의 가장 큰 요인은 세계 각지에서 쏟아져 들어온 동식물이었다.

새로운 생물의 유입은 자연사를 연구하는 방법을 크게 바꾸었다. 이전까지 유럽인에게 있어서 자연물을 안다는 것은 그 상징적 의미를 안다는 의미였다. 자연물 자체의 특성보다는 우화, 신화, 전설, 인간과의 관계, 의학적 용도, 요리법 같은 것을 중요하게 여겼다. 하지만 새로운 생물늘이 유입되자 상징보다는 생물의 정보를 정확하게 기록해서 전달하는 일이 더 중요해졌다. 일화나 상징을 중요하게 여겼던 자연학자들은 이제 세심한 관찰을 바탕으로 각 생물들에 관한 정확한 사실을 기록해 나가기 시작했다.

생물에 대한 지식이 늘자 자연학자들은 단순히 정보를 수집하는 단계를 넘어 생물을 더욱 체계적으로 분류할 방법을 찾으려 했다. 17세기 이전까지 식물 분류는 세계 각 지역마다 서로 다른 체계를 따르고 있었다. 유럽의 자연학자들은 식물들을 분류할 수 있는 보편적이고 단순한 원리를 찾아내려고 했다.

영국의 신부이자 식물학자였던 존 레이(John Ray, 1627~1705)는 식물 분류의 선구자였다. 레이는 풀을 모아 약을 만들던 어머니를 따라 약초 채집을 다니면서 자연스럽게 식물에 관심을 가졌다. 성장한 뒤에도 레이의 관심은 식물에 집중되었고, 그는 다양한 분류법을 만들어 냈다. 꽃이 피는 식물을 씨방의 유무에 따라 겉씨식물과 속씨식물로 분류하고, 속씨식물을 다시 떡잎 개수를 기준으로 쌍떡잎식물과 외떡잎식물로 나누는 분류 방식이 바로 레이가 제안했던 것이다.

레이의 가장 중요한 업적 중 하나는 생물 분류의 기본 단위를 '종(species)'으로 정립한 것이다. 레이는 씨앗을 기준으로 종을 구분하자고 제안했다. 레이에 따르면 각 식물 개체는 자라면서 환경에 따라 변화하지만, 이는 우연히 나타나는 변화일 뿐이라서 종을 분류하는 기준으로는 삼을 수가 없다. 그래서 레이는 같은 종류의 씨앗에서 자라나 온 식물들만을 같은 종으로 분류해야 한다고 주장했다. 분류의 기본 단위를 종으로 정한 레이의 방식은 이후 린네가 그대로 계승했다.

린네가 근대적 식물 분류법을 만들어 내기 이전에 분류학에 영향을 끼친 생물학자는 레이 말고도 여럿 있다. 프랑스의 식물학자 조제프 피통 드 투른포르(Joseph Pitton de Tournefort, 1656~1708)는 분류 단위인 '속(genus)'의 개념을 명확히 했다. 17세기 말에는 식물에도 성별이 있으며 꽃의 암술에 수술에서 나온 꽃가루가 묻어야 식물이 열매를 맺을 수 있다는 사실이 밝혀졌다. 그러자 투른포르는 식물의 생식 기관인 꽃과 열매가 분류의 기준이 될 수 있다고 생각했다.

린네 분류 체계의 핵심 중 하나는 생물의 이름을 붙이는 방법이지만, 린네의 명명법은 린네보다 한 세기 전에 살았던 스위스의 식물학자 가스파르 바우힌(Gaspard Bauhin, 1560~1624)이 자신의 책에서 이미 사용했던 방법이기도 하다. 즉 린네는 완전히 새로운 분류 체계를 세웠던 것이 아니다. 바로 이런 점 때문에 동물학자이자 생물철학자 에른스트 마이어(Ernst Mayr, 1904-2005)는 생물학의 발전은 혁명적으로 일어나지 않고, 사소한 이론 변화가 쌓여 큰 변화를 만들어 낸다고 서술했다. 린네가 혁신적인 체계를 처음 만든 것이 아닌데도 그에게 분류학자로서 특별한 지위를 부여하는 이유는 무엇일까?

린네 이전의 식물 분류

레이 : 분류 단위 - 종, 분류 기준 - 열매

투른포르 : 분류 단위 - 속, 분류 기준 - 꽃과 열매

바우힌 : 명명법

린네는 1707년에 스웨덴의 웁살라 근교에 있는 작은 마을에서 태어났다. 목사이자 아마추어 식물학자였던 아버지 닐스 린네우스는 식물과 곤충을 좋아하는 아들에게 아리스토텔레스의 《동물지》를 선물했는데, 어린 린네는 그 책을 읽고 또 읽었다고 한다. 투른포르의 분류 체계를 익히는 등 식물 공부를 좋아했던 린네는 룬트 대학교에 입학한 이후에도 식물학에 대한 관심을 끊지 않았다. 린네는 카롤루스 린네우스(Carolus Linnaeus)라는 라틴어 이름으로도 알려져 있는데, 이 이름은 린네가 룬트 대학교에 등록할 때부터 사용했다. 1728년에 린네는 웁살라 대학교로 옮겨 식물학과 동물학, 약리학을 공부했고, 다음 해에는 대학 강의도 맡았다.

린네는 23살 때부터 새로운 기준으로 식물을 분류해야 한다고 생각했다. 린네는 스웨덴 왕립 과학회의 후원을 받아 스칸디나비아반도 북부의 땅 라플란드를 탐사하면서 많은 동물과 식물을 관찰했다. 이 여행은 린네가 분류에 대한 생각을 정리하는 계기가 되었다. 이후 네덜란드로 간 린네는 하르데르베이크 대학교에서 2주 만에 박사 학위를 받고 의사가 되었

○ 칼 폰 린네 린네는 웁살라 대학교의 교수로 있으면서 생물 분류 체계를 만들었다. 그의 좌우명 중 하나는 "모든 것, 심지어는 가장 평범한 것에서도 경이로움을 찾아라."였다고 한다.

다. 그의 나이 28살의 일이다.

네덜란드에 머물면서 린네는 1735년에 《자연의 체계(Systema Naturae)》를 출판했다. 처음에는 12쪽에 불과했던 이 책은 개정판이 계속 출판되며 양이 늘어나, 1758년의 10판에는 4,400여 종의 동물과 7,700여 종의 식물 분류가 실려 있었고, 1768년의 12판의 분량은 1,327쪽에 이르렀다. 린네는 1737년에 《식물의 속(Genara Plantarum)》을 출판하고 다음 해에 자신의 조국 스웨덴으로 돌아갔다.

린네는 1741년에 웁살라 대학교의 교수가 되어, 식물학을 가르치면서 식물 정원을 책임지고 관리하는 일을 맡았다. 그는 웁살라 대학교에서 일하면서 제자들과 함께 여러 지역을 탐사했고, 제자들을 세계 각지로 보내 식물 표본을 수집하도록 했다. 린네는 자신의 제자들을 '사도'라고 불렀는데, 사도는 세계 각지를 돌아다니면서 식물과 동물을 채집해 분류했다.

린네의 제자들이 보내거나 가지고 돌아온 방대한 양의 표본은 린네가 자생지와 멀리 떨어진 스웨덴에서도 식물 연구를 계속할 수 있도록 해 주

○ 린네 정원 웁살라 대학교 린네 정원의 전경이다. 위는 1770년경의 그림이며, 아래는 현재의 모습이다.

었다. 연구를 할 때 표본만을 이용하면 주변 생태계와 떨어진 상태에서 몇 가지 특징만으로 식물들을 분류해야만 한다. 린네는 이러한 어려움 속에서도 세계 각 지역의 식물을 모두 분류할 수 있는 일관된 체계를 고안해 냈다.

린네는 다량의 출판물을 내며 분류학에 관한 영향력을 확대해 나갔다. 1737년《자연의 체계》제2판이 출판된 이후에 린네 분류 체계는 유럽 전역에서 폭넓게 수용되었다. 1751년에 출간된《식물 철학(Philosophia

Botanica)》은 1755년과 1824년 사이에 라틴어로 10번이나 인쇄되었으며, 영어, 네덜란드어, 독일어, 스페인어, 프랑스어, 러시아어로 번역되었다. 이 시기에는 다양한 린네주의 입문서와 수많은 식물학 사전도 출판되었다. 이 사전들은 1762년에 출간된 린네의 식물 용어 사전《식물학 용어 (Termin Botanica)》를 모델로 했는데, 린네의 이 책 또한 1811년까지 22번이나 재판되었다. 1760년대가 되자, 유럽 대부분의 나라에서 식물 분류, 자연사 연구, 생물 종에 관한 연구 논문은 물론이고 어린이책까지 모두 린네의 용어를 사용했다.

1761년에 린네는 귀족 작위를 받았는데, 칼 폰 린네라는 이름은 바로 이때 받은 것이다. 1778년에 린네가 세상을 떠나자 제임스 에드워드 스미스 (James Edward Smith, 1759~1828)라는 24세의 젊은 영국인 식물학자가 그의 방대한 수집품을 모두 사들였다. 린네의 수집품은 식물 표본 14,000여 종, 곤충 표본 3,198종, 갑각류 표본 1,564개, 편지 3,000통, 그리고 책 1,600여 권으로 구성된 방대한 양이었다. 스미스는 1788년에 런던 린네 학회를 설립했는데, 이 학회는 현존하는 가장 오래된 생물학회이다.

린네 분류 체계의 특징, 하위 그룹과 명명법

린네가 만든 분류 체계에서 핵심적인 요소는 2가지이다. 하나는 분류 계급이고, 다른 하나는 명명법이다. 린네는 생물을 식물계, 동물계, 광물계로 구분했다. 오늘날에는 광물을 생물로 여기지 않지만 당시에 린네는 광물계도 생물계에 포함시켰다. 린네는 동물계, 식물계, 광물계를 각각 다시

◐ 동물계 표 1735년 출간된 《자연의 체계》 1판에 실린 동물계 표이다. 왼쪽 열부터 차례로 사지상강(네발동물), 조류강, 양서류강, 어류강, 곤충류강, 연충류강이다. 린네는 무척추동물 중 절지동물이 아닌 동물을 연충류라고 했다.

강, 목, 속, 종으로 세분해 나누어 나갔다.

린네는 생물을 적당한 수의 그룹으로 나누고, 각 그룹을 다시 작은 하위 그룹으로 나누어 나가면, 각 생물의 특징과 분류상의 위치를 기억하기 쉬울 것이라고 생각했다. 생물을 10개 정도의 단위로 묶는 체계의 중요성을 강조한 그는 강, 목, 속, 종의 4개 계층을 둠으로써 당시까지 알려져 있던 모든 식물을 이 단위 체계로 배치할 수 있었다. 식물을 10개 정도의 강으로 나누고, 각 강을 다시 10개 정도의 목으로 나눈다면 1만 종 이상의 식물을 분류할 수 있게 된다. 물론 이 분류 체계에는 오늘날과 약간 차이가 있는데, 오늘날의 분류 체계는 강과 목 사이에 과가, 계와 강 사이에 문이 있지만 린네 분류 체계에서는 없다.

린네 분류 체계

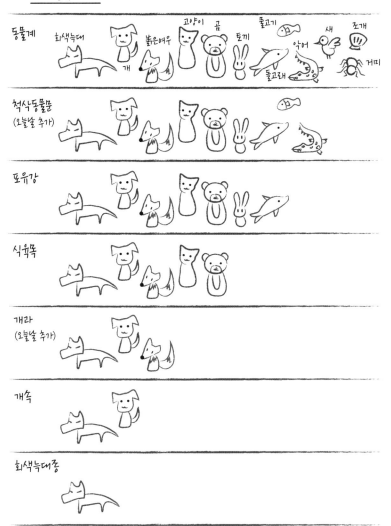

동물계 · 회색늑대 · 개 · 붉은여우 · 고양이 · 곰 · 토끼 · 물고기 · 돌고래 · 악어 · 새 · 조개 · 거미

척삭동물문
(오늘날 추가)

포유강

식육목

개과
(오늘날 추가)

개속

회색늑대종

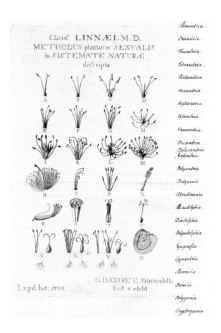

◑ 린네의 식물 분류 린네의 식물 분류 체계 중 강을 구분하는 방법이다. 기본적으로는 수술의 수에 따랐고, 수술의 모양, 꽃의 유무도 기준으로 삼아 식물을 24강으로 분류했다.

동물계를 예로 들자면, 린네는 동물계를 먼저 6개의 강으로 세분한 다음, 각 강을 다시 여러 목으로 나누었고, 각 목을 다시 여러 속으로 나누었다. 동물계에서도 새끼를 낳는 동물은 사지상강 중 포유강에, 포유강에서도 육식을 하는 동물은 식육목에 들어간다. 린네는 이런 방식으로 총 4,400종의 동물을 분류했다. 린네는 인간과 유인원을 같은 속에 포함시켜 분류하기도 했는데, 이는 인간을 동물계에 포함시킨 최초의 시도였다.

린네 분류 체계의 가장 독특한 특징은 식물 분류 체계에 있다. 린네가 살았던 18세기에는 유럽 전역에서 성(性)에 대한 담론이 퍼져 가고 있었다. 린네는 바로 이 성적 담론을 자신의 분류 체계에 적용했다. 린네는 '식물의 사랑과 화려한 결혼식'과 같은 표현을 즐겨 썼고, '순결한 사랑'과 같은 말로 식물의 생식 과정을 표현하곤 했다.

린네는 식물의 생식 기관인 암술과 수술을 식물 분류 기준으로 삼았다. 그는 식물의 남성 부분이라고 할 수 있는 수술의 개수로 강을 결정하고 여성 부분인 암술의 개수로 아래 체계인 목을 결정했다. 수술과 암술의 개수만 알면 강과 목을 쉽게 결정할 수 있었기 때문에 잘 모르거나 처음 보는 식물도 편리하게 분류할 수 있었다.

계급 도입과 함께 린네 분류학을 유명하게 만든 또 다른 요소는 명명법이다. 린네의 명명법은 '이명법(二名法)'으로 불린다. 린네 이전에는 생물의 이름을 붙일 때 학자들마다 다른 기준을 적용한 탓에 생물 이름이 제각각이었다. 또 생물이 가진 특징들을 길게 나열하는 방식으로 이름을 결정했기 때문에 사용하기도 불편했다. 예를 들어 길에서 흔히 볼 수 있는 풀인 질경이는 당시에 'Plantago foliis ovato-lanceolatus pubescentibus, spica cylindrica, scapo tereti'라는 아주 긴 이름을 가지고 있었다.

린네는 분류와 명명이 과학의 가장 기본이라고 생각해 새로운 명명법을 제안했다. 명명을 할 때 속명과 종명을 함께 쓰는 방법이었다. 린네의 명명법은 18세기 라부아지에가 제시했던 화합물 명명법과 형태가 비슷하다. 라부아지에도 'Acetic Acid'나 나 'Gallic Acid'처럼 이명법을 사용했기 때문이다.

린네는 속명에는 같은 속에 속하는 식물들의 대표적인 특징을 한 단어 명사로 쓰고, 종명에는 종의 성질을 한 단어 형용사로 나타냈다. 언어는 모두 라틴어를 사용했다. 린네의 이명법에 의하면 질경이의 학명은 *Plantago asiatica*'로 간단하게 나타낼 수 있다. 속명인 'Plantago'는 잎이 발바닥 모양으로 생긴 식물이라는 의미이며, 종명인 'asiatica'는 아시아를 의미한다. 같은 방법으로 벼를 명명하면 *Oryiza sativa*가 된다. 속명인 'Oryza'는 벼의 라틴어이고, 'sativa'는 경작된 식물이라는 의미이다.

린네는 특정 국가의 언어가 아니라 전 유럽에서 공통적으로 쓰였던 라틴어를 이용함으로써, 각국의 식물학자들이 같은 식물을 같은 이름으로 쓰도록 했다. 린네 이전에도 이명법을 도입한 자연학자들이 있었지만, 린네가 했던 것처럼 끈기 있고 일관되게 이명법을 견지하고 이를 보편화시킨 자연학자는 없었다.

호랑이
Panthera tigris

인간
Homo sapiens

호랑나비
Papilio xuthus

완두콩
Pisum sativum

린네 분류 체계 특징
분류 그룹 : 계 - 강 - 목 - 속 - 종
이명법 : 라틴어 사용, 속명 + 종명

당시 유럽에는 무려 52개에 달하는 분류 체계가 있었다. 주도적인 분류 체계도 없어 각 나라에서 각기 다른 분류 체계를 사용하고 있었다. 하지만 점차 자연학자들과 식물학자들은 린네 분류 체계와 이명법을 이용하기

◉ 린네의 대표 저서 왼쪽부터 순서대로 《자연의 체계》, 《식물 철학》, 《식물의 종》이다.

시작했다. 린네 분류 체계는 현장에서 연구하는 자연학자들이 새로운 종을 신속하고 효율적으로 배치할 수 있도록 해 주었다. 식물 분류를 배우는 학생들은 린네의 분류 체계와 명명법을 익히는 것만으로도 짧은 시간 안에 효율적인 수집가로 탈바꿈했다.

린네 분류 체계보다 정교한 분류 체계를 만들려는 노력은 이후에도 있었지만, 린네 분류 체계는 19세기 이후까지 식물학자와 수집가, 아마추어 식물학자의 세계를 계속 지배했다. 과학 이론을 실천에 옮긴다는 면에서 보면 지구상의 생명체를 분류하고 이름 붙이기 위해 린네가 개발한 체계만큼 광범위하고 지속적인 영향을 끼친 혁신은 그리 많지 않을 것이다. 린네 분류 체계의 확산에는 린네 분류 체계 자체가 가진 정확성과 단순성 이외의 외적 요인도 다양하게 작용했다.

먼저 당시 자연학자들의 관심사와 관련이 있다. 17세기까지도 자연사는 단순히 수집만을 하는 학문으로 여겨졌다. 하지만 18세기 자연학자들에게 수집과 분류는 생물 목록을 만드는 것 이상을 의미했다. 이들은 생물 분류 방식이 곧 생물들 사이의 실제 관계를 반영한다고 생각했다. 자연철학자가 되기를 꿈꾸었던 18세기의 자연학자들은 분류를 통해 자연의 질서를 찾아내고자 했다. 린네도 식물을 연구해서 세상의 질서를 이해하고자 했고, 이를 통해 세상을 만든 신의 뜻을 이해하고자 했다. 린네와 동시대 자연학자들은 새로운 분류 체계를 따름으로써 자연철학이라는 자신들의 목표에 한 걸음 더 나아가고자 했다.

둘째, 국가 정책의 영향이 있었다. 린네가 살았던 당시 그의 조국 스웨덴은 '자유 시대(1718~1772)'라고 불리는 변혁의 시기 한복판에 놓여 있었다. 자유 시대 동안 스웨덴에서는 의회 설립 등의 정치적 변화가 일어났고 신분제가 약화되었으며 계몽주의 사상이 유행했다. 계몽주의 진보주의자였던 린네는 식물 연구를 통해 국가의 경제 발전에 기여하고자 했다. 당시 스웨덴 정부는 산업과 무역 등 경제를 우선시하는 정책을 펴고 있었기 때문에 린네와 같은 식물학자들의 연구를 적극적으로 후원해 주었다. 린네는 식물 연구가 국가의 경제적 자립에 도움이 된다고 주장했고, 자신의 식물 연구가 스웨덴이 차, 비단, 진주, 도자기 등을 만들어 내는 데 도움이 되기를 바랐다. 린네 분류 체계는 산업과 무역 등 경제를 우선시하는 정부 정책과 결합되어 쉽게 확산될 수 있었다.

마지막으로 제국주의 확장에 영향을 받았다. 당시 자연학자들은 분류와 명명을 통해 전 지구적인 생물 지도를 제작하고자 했다. 이는 전 세계에서 상업적으로 가치 있는 자원을 얻고, 식민지를 탐구하는 일과 밀접한 관련이 있었다. 유럽인에게 린네 분류 체계는 식민지와 식민지의 자원을 이해하고 전유하는 데 효율적인 도구였다. 지구상의 생명체는 '보편성'이라는 이름으로 유럽인이 만든 새로운 지구적 질서에 편입되어야 했다. 린네 분류 체계가 받아들여진 데는 유럽 제국주의의 확장이라는 당시의 시대적 배경도 중요한 역할을 했다.

> **린네 분류 체계 확산 요인**
> 자연학자 : 분류를 통해 자연의 질서를 알아내고자 함
> 국가 : 정부의 경제 정책과 결합
> 유럽 : 제국주의 확산

린네, 제한적인 분류 기준으로 비판받다

린네 분류 체계를 받아들일 때 자연학자들 사이에서는 분류 기준을 두고 많은 논쟁이 있었다. 바로 인위 분류와 자연 분류에 관한 논쟁이다.

인위 분류란 서식지, 식성, 용도 등 인위적으로 선택한 몇 가지 특징만으로 생물을 분류하는 방법이다. 한편 자연 분류는 생물의 외부 형태, 내부 구조, 생식 방법, 염색체의 수 등 생물의 고유한 특징을 최대한 많이 반영해 분류하는 방법이다. 예를 들어 '이끼는 음지에서 자라므로 음지 식물이다.'라는 분류 방식은 인위 분류이고, '콩은 꽃이 피고, 씨방이 있으며, 떡잎이 2장이고, 잎맥은 그물맥이므로 쌍떡잎식물이다.'라고 분류하면 자연 분류이다. 자연 분류 방식은 생물들이 서로 계통이 얼마나 가까운지를 나타내는 유연관계, 즉 진화의 과정을 반영하기 때문에 계통 분류라고도 한다.

인위 분류 기준 : 서식지, 식성, 용도 등
자연 분류 기준 : 형태, 내부 구조, 생식 방법, 염색체 수 등

　자연 분류를 추구했던 자연학자들은 린네의 분류 체계를 인위 분류라
고 비판했다. 그가 식물의 여러 형질 중에서 자신이 선택한 일부 특성, 즉
결실 기관인 꽃을 분류 기준으로 삼았다는 점 때문이었다. 식물의 일부 특
성만을 분류 기준으로 삼으면 식물 간의 유연관계를 제대로 나타낼 수 없
다는 것이 린네 분류 체계에 대한 비판의 핵심이었다.

　이후에 린네 체계의 문제점을 지적하면서 등장한 분류 체계들은 되도
록 많은 특징을 기준으로 식물을 분류하는 것을 목표로 삼았다. 린네가 몇
가지 기준에 따라 큰 그룹을 다시 작은 그룹으로 나누는 방식으로 생물을
분류했다면, 이들은 그와 반대였다. 특징이 유사한 생물들끼리 일단 그룹
을 짓고, 이 그룹들을 다시 더 큰 그룹으로 묶어 나가는 방식으로 분류가
이루어져야 한다고 생각했던 것이다.

　특히 투른포르의 전통을 고수했던 프랑스의 자연학자들이 자연 분류
를 강조했다. 1753년에 프랑스의 식물학자 미셸 아당송(Michel Adanson,
1727~1806)은 가능한 모든 특성을 분류 기준으로 삼아 린네의 인위 분류
문제를 극복해야 한다고 주장했다. 린네 분류 체계를 비판했던 프랑스의
식물학자 앙투안 로랑 드 쥐시외(Antoine-Laurent de Jussieu, 1748~1836)도
꽃만이 아니라, 다양한 구조적·형태적 특성으로 결정되는 유연관계에 바
탕을 두고 식물을 분류할 것을 주장했다. 쥐시외의 분류 체계는 이후 오
귀스탱 피라무스 드캉돌(Augustin Pyramus de Candolle, 1778~1841)과 조세

프 달톤 후커(Joseph Dalton Hooker, 1817-1911) 그리고 조지 벤담(George Bentham, 1800~1884) 등의 자연학자들에 의해 확대 적용되었다.

인위 분류 체계라고 비판을 받았다고 해서 린네가 자연 분류 체계를 거부했던 것은 아니었다. 오히려 그 반대였다. 린네가 만든 인위 분류 체계가 크게 성공하는 바람에 자연 분류에 관한 그의 생각은 가려져 버렸다. 사실 린네는 인위 분류와 자연 분류를 언어적으로 명확하게 구분한 최초의 인물이었다. 그는 식물에 대한 새로운 지식을 얻을 수 있는 방법으로는 자연 분류법밖에 없기 때문에, 자연 분류가 더 근본적인 분류 방식이라고 생각했다. 자연학자는 생물체 간의 유연관계를 제대로 나타낼 수 있는 자연 분류 체계를 만들어 내기 위해 노력해야 한다고 강조하기도 했다.

인위 분류에 대한 린네의 생각은 그가 "자연 분류 체계를 완전히 발견할 때까지 우리는 인위 분류 체계를 이용하는 데 만족해야 한다."라고 말한 것에서 잘 드러난다. 린네는 자연학자들이 자연 분류 체계를 찾기 위해 노력해야 한다고 생각했다. 그는 전 세계 식물에 대한 지식이 쌓이면 자연 분류 체계를 만들어 낼 수 있을 것이라는 희망을 품었다. 린네가 스스로 자신의 인위적인 성적 분류 체계를 비판했다는 것은 잘 알려진 사실이다. 린네에게 있어서 인위 분류는 당시에 가능했던 가장 '유용한' 분류 방법이었으며, 자연 분류 체계를 만드는 것이 가능해질 때까지 그 자리를 대신하는 임시 체계였다.

많은 비판을 받고 대안적인 체계들도 등장했지만, 린네 분류 체계는 다윈의 진화론이 등장한 19세기 중반 이후에도 계속 살아남았다. 일반적으로 다윈의 진화론이 등장한 뒤에는 유연관계와 진화의 계통을 반영하는 계통분류학이 등장했다고 알려져 있다. 그런데 어떻게 린네 분류 체계가 그때도 유용하게 이용될 수 있었던 것일까? 답은 큰 그룹의 생물을 다시 작은 그룹으로 분류해 나간 린네의 분류 방식에서 찾을 수 있다.

린네는 모든 생물을 동물과 식물과 광물로 나눈 다음, 식물과 동물을 다시 여러 개의 강으로 나누고, 강을 여러 개의 목으로 나누고, 다시 이를 속, 종으로 나누었다. 린네가 생물 계통을 의식적으로 분류에 반영한 것은 아니었지만, 자연학자들은 린네의 분류 체계가 진화 계통을 반영한다는 사실을 알게 되었다.

다윈 진화론의 핵심은 각 생물체들이 한 조상에서 갈라져 나와 다양하게 진화했다는 것이다. 최근까지 공통 조상을 공유한 생물들일수록 유연관계가 더 가깝다고 할 수 있다. 그룹-내-그룹 형식으로 이루어진 린네 분류 체계를 표현한 아래 그림을 보자.

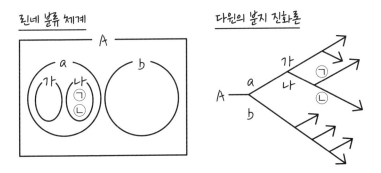

린네는 생물 그룹 A를 a와 b로 나누고 a를 다시 (가)와 (나)로 나눈 다음, (나)를 다시 ㉠와 ㉡으로 나누는 방식으로 생물을 분류했다. 같은 그룹 안에 들어 있는 ㉠과 ㉡은 가장 유사점을 많이 가지고 있다. 즉 가장 작은 계급에 함께 들어 있는 생물들일수록 유연관계가 더 가깝다. 이는 ㉠과 ㉡이 가장 최근까지 공통 조상을 공유했다는 것을 의미한다.

다윈의 분지 진화론에 의하면 모든 생물은 공통 조상 A에서 가지를 뻗으며 진화한다. (가)와 (나)는 a를 공통 조상으로, ㉠과 ㉡은 다시 (나)를 공통 조상으로 가진다. 가장 최근까지 공통 조상을 공유한 ㉠과 ㉡의 유연관계는 가장 가깝다. 즉, 린네 분류 체계에서 유사점을 많이 공유한 생물들은 진화적으로 가장 유연관계가 가깝다. 린네와 다윈 둘 다 형태학적 유사점을 바탕으로 생물을 분류했기 때문에 둘의 분류는 서로 충돌하지 않는다.

린네의 계급 체계는 시간에 따라 나타나는 생물의 차이점을 각 계급에 배치한 것이었다. 다윈의 진화론은 린네 분류 체계에 이론적 정당성을 부여했다고 할 수 있다. 린네 분류 체계는 다윈주의의 기초가 되었으며, 다윈은 린네 분류 체계의 의미를 존중하고 이를 적극적으로 이용했다.

린네 분류 체계가 보여 주는 생물들 간의 다차원적 관계는 생물들이 단선적으로 연결된 아리스토텔레스 체계의 분류 방식과는 완전히 달랐다. 아리스토텔레스에서부터 이어져 왔던 존재의 사슬 개념은 린네와 다윈을 거치면서 자연 체계를 나타낼 수 없음이 확실해졌다.

다윈보다 한 세기 전에 살았음에도 불구하고 린네는 생물 진화를 믿었다. 처음에 린네는 식물 종이 변하지 않는다고 생각했다. 하지만 린네는 1753년에 출판된 《식물의 종(Species Plantarum)》에 식물이 환경에 의해 변화할 수 있으며, 한 종이 다른 종에서 유래할 수 있다는 생각을 담았다. 예를 들어 그는 큰톱풀(*Achillcea Ptarmica*)이 시베리아의 토양과 기후 때문에 톱풀(*Achillcea alpina*)로 변했다고 생각했다. 그는 '북아메리카와 남유럽에

◎ 톱풀(좌)과 큰톱풀(우) 모두 국화과 톱풀속에 속하는 식물이다. 린네는 두 종이 각각 처음부터 생겨난 것이 아니라 큰톱풀이 변해 톱풀이 되었다는 진화 개념을 떠올렸다.

사는 *Hiviscus Virginicus*(아욱과 무궁화속에 속하는 식물)가 아메리카에 사는 식물로부터 변이되어 나온 것은 아닐까?'라는 질문을 던지기도 했다. 이처럼 린네는 종 안에서 혹은 종 사이에서 변이가 나타난다고 믿었다는 점에서 초기 진화론자 중 하나였다고 볼 수 있다.

진화만을 반영하는 분류 체계가 등장하다

계급 구조와 명명법의 안정성, 그리고 진화론과의 양립 가능성 때문에 린네의 분류 체계는 오랫동안 사용되었다. 물론 전체 생물을 '계'로 구분하는 기준은 시대에 따라 계속 달라졌지만 말이다.

시대별 계 구분 변화

린네 1735년 2계 분류	헤켈 1866년 3계 분류	챗튼 1937년 2계 분류	코플랜드 1956년 4계 분류	휘태커 1969년 5계 분류	우스 1977년 6계 분류	우스 1990년 3도메인 분류	캐발리어·스미스 2004년 6계 분류
(다루지 않음)	원생생물	원핵생물	모네라	모네라	세균	세균	세균
					고세균	고세균	
		진핵생물	원생생물	원생생물	원생생물	진핵생물	원생동물
							크로미스타
				균류	균류		균류
식물	식물		식물	식물	식물		식물
동물	동물		동물	동물	동물		동물

　1950년대가 되자 분류학에서는 완전히 새로운 분류 체계가 등장했다. 1950년에 독일의 곤충학자 에밀 한스 빌리 헤니히(Emil Hans Willi Hennig, 1913~1976)가 제창한 ‘분지론(cladistics, 분지계통학)’이 바로 그것이다. 진화론을 포함한 이전까지의 분류 체계들이 형태적 특성을 분류에 반영했다면, 분지론에서는 철저하게 진화의 계통만을 분류에 반영했다. 분지론은 린네식 분류 계급을 사용하지도 않는다. 대신 분지군이라는 단위를 사용한다. 분지론은 공통 조상으로부터 나온 형질을 공유하는 생물들을 분지된 순서에 따라 순차적으로 묶어 분류한다.

　분지, 즉 생물 종이 갈라져 나오는 현상은 진화 과정 중에서 변화가 획기적으로 일어날 때 생긴다. 분지점은 공통 조상에서 새로운 파생 형질을 가진 집단이 나타나는 지점을 의미한다. 분지점은 새로운 특성이 출현한 순서를 나타내기도 하지만, 다음번 분지를 위한 공통 조상이 생겨나는 지점이기도 하다. 분지론은 오늘날 가장 널리 이용되는 분류 방법이다.

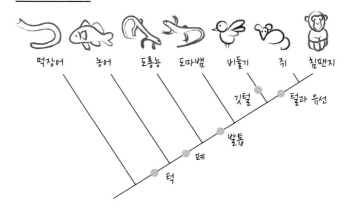

척삭동물의 분지도

척삭동물의 분지도를 보면 이들의 공통 조상에서 턱이 생긴 시점에서 분지가 일어났다. 턱이 있는 농어, 도롱뇽, 도마뱀 등은 다음 분지를 위한 공통 조상이 된다. 다음 분지는 폐가 생긴 지점에서 일어나는데, 폐가 있는 도롱뇽, 도마뱀, 비둘기 등은 역시 다음 분지를 위한 공통 조상이 된다.

분류학은 아마도 인류 역사에서 가장 오래된 학문일 것이다. 눈에 보이는 생물을 관찰하고 특징에 따라 나누는 활동은 인간의 생활과 매우 밀접한 관련이 있었다. 인간은 분류를 통해 삶에 유용한 약재, 식용 식물, 기호 식물을 구분해 냈고, 자연과 생물의 역사를 이해했다.

린네는 분류를 위한 용어와 체계를 세움으로써 분류 활동을 하나의 학문으로 정립했다. 20세기 중반에 등장한 분지론이 린네의 체계를 흔들어 놓았지만 린네의 이명법과 분류 계급은 여전히 분류학에서 사용되고 있다. 린네 분류 체계를 둘러싼 논쟁이 오래 지속되었음에도 불구하고 살아남았다는 그 생명력이야말로 린네 분류 체계의 안정성을 잘 대변해 준다.

생물학은 언제부터 학문의 모습을 갖추었을까? 18세기 말까지도 생물학이라는 말은 존재하지 않았고, 오늘날 생물학에 속한 학문들은 생리학이나 해부학 등 서로 다른 분야로 나뉘어 있었다. 생물의 구조, 기능, 생장, 유전, 진화, 항상성을 연구하는 학문을 통틀어 생물학이라고 부르기 시작한 것은 19세기 초반으로, 라마르크가 이 말을 처음 사용했다.

라마르크는 1793년에서 1829년 사이에 파리 자연사 박물관에서 무척추동물학 강의를 하면서 많은 글을 남겼는데, 그중 하나가 1801년에 출판한 《무척추동물의 분류 계통》이라는 책이다. 이 책에서 라마르크는 한 생물이 변이를 거쳐 다른 종으로 변화할 수 있다고 주장했다. 바로 그해에 썼던 《수문지질학》에서 라마르크는 처음으로 '생물에 대한 이론'이라는 말을 사용했다. 하지만 이 글은 출판되지 못했다.

생물학이라는 말을 본격적으로 사용한 책은 1809년에 출판한 《동물 철학》이라는 책이었다. 라마르크의 《동물 철학》은 모두 3부로 이루어져 있다. 이 책의 1부는 분류와 진화론을 다룬다. 일반생물학이라고 할 수 있는 2부에서는 조직화의 특성을 기준으로 생명체와 무기 물질의 차이를 설명한다. 이 책에는 독립된 과학으로서 생물학의 기반을 닦으려던 라마르크의 의도가 담겨 있다. 당시까지는 자연사 연구 분야를 동물, 식물, 광물로 구분했는데, 라마르크는 동물과 식물을 합쳐서 생물계로, 그리고 나머지는 무기계로 구분했다. 바로 이때부터 동물과 식물은 생명계라는 하나의 계로 통합되어 같은 물리·화학적 체계를 바탕으로 연구되기 시작했고, 생물학은 하나의 독립된 학문으로 체계화되었다.

라마르크는 생물학이라는 용어를 만들고 생물학의 기초를 놓았다. 이 중요한 업적이 획득 형질의 유전이라는 그의 진화 이론에 가려 제대로 평가받지 못하고 있는 것은 아닐까?

분류학은 일정한 기준을 세워 생물과 계통을 나누는 학문이다. 생물 분류는 인간의 식생활과 밀접한 관련이 있어 아주 오래전부터 기록이 남아 있다. 고대 중국과 고대 그리스의 학자들은 동물과 식물을 연구하고 분류했다. 식물 분류에 관한 대표적인 저서로 명나라의 이시진이 집필한《본초강목》을 꼽을 수 있다.

15세기 후반부터 18세기 중반까지 이어진 대항해 시대를 거치면서 자연사 연구에서 큰 변화가 나타났다. 첫째, 생물을 기술하는 방법이 달라졌다. 이전에는 생물이 지닌 상징과 일화를 중시했지만, 새로운 생물을 많이 접하게 되자 정확한 관찰에 기반한 사실 기록을 중시하게 되었다. 근대적인 자연사 연구 방법이 등장한 것이다. 둘째, 유럽으로 쏟아져 들어오는 생물들을 신속하고 정확하게 분류할 분류 체계가 필요해졌다. 이런 분위기 속에서 린네 분류 체계가 탄생했다.

린네 분류 체계의 특징은 크게 2가지를 꼽을 수 있다. 하나는 분류에 계급을 도입한 것이다. 린네는 가장 큰 계급을 강으로 정한 뒤, 강을 몇 개의 목으로 나누는 방식으로 생물을 분류해 나갔다. 그는 강은 꽃에 있는 수술의 개수를 기준으로 분류하고, 목은 암술의 개수를 기준으로 분류했다. 린네 분류 체계의 또 하나의 특징은 린네의 명명법 체계이다. 린네의 명명법은 이명법 체계를 따랐는데, 속명과 종명을 라틴어로 쓰는 방법이었다. 린네 분류 체계와 명명법은 인위 분류라는 비판을 받기는 했지만 실용성을 바탕으로 널리 퍼졌다.

19세기 중반에 진화론이 등장하자 생물학자들은 생물의 계통에 관심을 두게 되었다. 린네 분류 체계와 다윈의 진화론은 모두 형태상의 공통점을 바탕으로 생물을 분류했기 때문에 서로 크게 충돌하지 않았다. 하지만 1950년대 들어 진화의 계통만을 분류 기준으로 삼는 분지론이 등장하면서 린네 분류 체계는 큰 도전을 받게 되었다. 하지만 우리는 오늘날에도 여전히 린네 분류 체계를 사용하고 있다.

Chapter 3 식물, 생명을 위한 영양소와 산소를 만들다

식물과 광합성

자연계의 만물은 자연의 일부분으로서
다른 부분에게 도움이 되는 법칙으로 서로 결부되어 있다.
– 마이클 패러데이 –

생명의 기본 전제 조건은 생존이다. 생물은 세포 호흡으로 생존에 필요한 에너지를 얻는다. 세포 호흡에는 에너지원인 영양소와, 영양소 분해에 이용되는 산소가 필요하다. 세포 호흡의 주 에너지원은 탄소 화합물이다.

생물의 생명 활동에 필요한 영양소와 산소는 광합성 작용으로 만들어진다. 녹색식물은 물과 이산화탄소를 이용해 탄소 화합물인 포도당을 합성하는데, 이 과정이 광합성이다. 광합성은 빛 에너지를 받아들인 식물에서 산소와 탄소 화합물이 만들어지는 과정이라고 할 수 있다. 식물은 광합성으로 빛 에너지를 화학 에너지로 바꾸어 체내에 저장하거나 생장에 이용한다. 오늘날 우리가 연료로 사용하는 석탄이나 석유도 모두 식물의 체내에 저장되어 있던 탄소 화합물로부터 만들어졌다.

과학자들이 광합성에 어떤 물질이 필요한지, 광합성으로 생성되는 물질은 무엇인지, 그 사이에는 어떤 관계가 있는지를 알아내는 데는 긴 시간이 필요했다. 20세기 초에 생물학과 화학이 결합된 생화학이 발달하면서 광합성에 관한 이해도가 높아졌다. 실제로 광합성 연구자 대다수는 화학자들이었다.

광합성 연구는 광합성 과정을 밝히는 데서 끝나지 않았다. 오늘날 과학자들은 물이 부족한 환경에서도 광합성을 가능하게 함으로써 식량 문제를 해결하려는 연구를 진행하고 있다. 또한 광합성 식물들을 보존하기 위한 환경 운동도 적극적으로 이루어지는 중이다.

식물의 잎과 줄기, 뿌리는 각각 어떤 역할을 할까?

식물이 생장하기 위해 주위에서 물질을 흡수해야 한다는 사실 자체는 오랜 옛날부터 알려져 있었다. 식물 주위의 물질이 어떻게 식물 안으로 들어가는지에 대해 최초로 자신의 견해를 제시한 사람은 아리스토텔레스였다. 아리스토텔레스는 식물의 양분은 여러 가지 물질로 이루어지는데, 이 물질들은 땅속에 있을 때 이미 식물이 이용하기 편리한 형태를 갖추고 있을 것이리고 추측했다. 이는 식물에는 별도의 배설 작용이 필요 없다는 생각으로 이어졌다.

식물 체내로 들어온 양분이 어떤 경로로 이동하는지에 대한 생각 역시 오늘날과는 달랐다. 르네상스 말기의 대표적인 자연학자인 안드레아 체살피노(Andrea Cesalpino, 1519~1603)는 식물에도 사람처럼 가느다란 정맥이 있으며, 식물이 흡수한 양분이 이 정맥을 통로로 삼아 이동한다고 주

◑ 안드레아 체살피노 식물 정맥설을 주장했으며, 꽃과 열매를 식물 분류 기준으로 삼아 린네의 분류 체계 등장에 영향을 끼쳤다.

장했다. 이는 당시까지도 권위가 있었던 갈레노스의 이론을 수용한 결과
였다.

갈레노스의 생리학 이론에 의하면 동물은 흡수한 영양소를 간으로 운
반한 다음, 간에 있는 자연의 영과 영양소를 합쳐서 혈액으로 만든다. 이
혈액은 정맥을 통해 체온의 원천인 심장으로 운반된다. 심장은 폐에서 들
어온 공기와 간에서 들어온 혈액을 합쳐서 동맥혈을 만든 다음, 이 동맥혈
을 온몸으로 내보낸다. 갈레노스의 체계에서 정맥이 영양소를 운반하는
통로라면, 동맥은 열 혹은 힘의 원천을 운반하는 통로였다. 정맥과 동맥을
완전히 다른 체계로 인식한 갈레노스의 생리학 체계는 르네상스 말기까
지 큰 영향을 미쳤고 체살피노도 마찬가지로 영향을 받았다. 체살피노는
식물들이 흡수한 물과 양분이 동물에서처럼 정맥을 통해 이동한다고 생
각했다.

광합성 작용을 제대로 이해하기 위해서는 잎과 줄기, 뿌리의 구조와 역
할을 이해할 필요가 있다. 하지만 17세기 중반까지도 학자들은 식물 각 기
관의 역할이 무엇인지 알지 못했다. 체살피노도 어린 눈이나 열매를 태양
으로부터 보호하는 것이 잎의 역할이라고 생각했다.

잎의 역할에 대해 새로운 의견을 제시한 사람은 영국의 식물학자이자
의사인 네헤미아 그루(Nehemiah Grew, 1641~1712)와 이탈리아의 생물학
자 마르첼로 말피기(Marcello Malpighi, 1628~1694)였다. 이들은 잎이 생장
에 필요한 물질을 만드는 장소이며, 잎에서 만들어진 물질이 뿌리나 줄기
로 운반되어 저장된다고 주장했다.

동물의 몸에서 혈액이 순환하는 것처럼 식물체 내에서도 물질 수송이

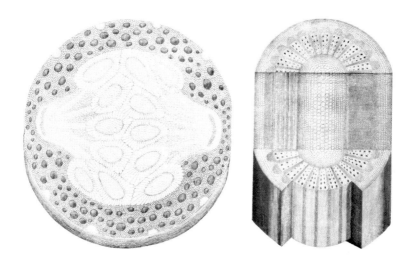

◉ 식물 줄기 단면도 1682년에 출간된 그루의 저서 《식물의 해부학》에 실린 식물 줄기의 단면이다. 물질이 이동하는 통로인 관다발 구조를 확인할 수 있다.

이루어질 것이라고 믿었던 그루와 말피기는 현미경을 이용해 식물의 줄기와 뿌리를 관찰했다. 그 결과 줄기와 뿌리 안에 물질의 이동 통로가 있다는 사실을 발견했다. 이들은 자신들이 기관이라고 이름 붙인 관(vessel)은 공기의 수송을 담당하며, 섬유(fibre) 조직은 물 수송을 담당한다고 생각했다. 또 잎의 뒷면에서 공기 통로인 기공을 발견하고 잎이 기공을 통해 공기를 받아들이거나 수증기를 방출한다고 추측하기도 했다.

그루와 말피기는 이처럼 식물을 세심하게 관찰해 식물해부학이라는 분야를 개척했다. 식물의 각 기관에 대한 이해는 식물 체내에서의 양분의 이동이나 식물의 생장 과정을 알아내는 데 중요한 역할을 했다.

식물에게는 빛·물·이산화탄소가 필요하다

17세기 이후에 보편화된 실험이라는 지식 생산 방법은 식물 생리에 관한 지식이 확립되는 데 결정적인 역할을 했다. 식물 생리에 관한 아리스토텔레스나 체살피노의 이론은 동물에 관한 지식을 바탕으로 추론한 지식이었지, 실험을 바탕으로 검증한 지식은 아니었다. 16~17세기 과학 혁명기를 거치면서 자연철학자들은 과학 지식을 얻기 위해 실험을 적극적으로 활용하기 시작했다. 생물 연구에서도 실험은 지식을 확대하고 새로운 지식을 만들어내는 중요한 수단이 되었다.

식물의 생장에 관해 체계적인 실험을 했던 인물로 얀 밥티스트 판 헬몬트(Jan Baptist Van Helmont, 1577~1644)가 있다. 벨기에의 화학자 헬몬트는 200파운드의 흙에 5파운드짜리 버드나무를 심고, 5년간 꾸준히 물을 주었다. 5년 뒤, 나무의 무게는 169파운드로 증가했지만 흙은 200파운드가 그대로 남아 있었다.

당시까지만 해도 많은 사람들은 식물이 자라는 데 필요한 양분이 흙에서 나온다고 생각하고 있었다. 하지만 버드나무의 무게가 165파운드나 증가한 것에 비하면 흙의 무게는 거의 줄어들지 않았다. 헬몬트는 이 결과를 보고 식물 생장의 원인이 흙이 아니라 물이라고 생각했다. 그는 만물의 근원이 물이라고 믿었는데, 물과 함께 심어진 영적 씨앗이 나무로 바뀌었기 때문에 나무가 생장할 수 있었다고 결론을 내렸다. 헬몬트는 식물이 물을 이용해 모든 물질을 만들어 낸다고 생각했다.

헬몬트가 식물 생장에 물이 반드시 필요하다는 점을 밝혀냈다고 해서 그가 광합성의 원리에 접근했다고 할 수는 없다. 실제로는 물뿐만이 아니

○ 헤일스의 실험 헤일스가 1727년에 출간한 《식물 정역학》에 실린 그림이다. 식물로 들어간 물이 잎으로 올라가 잎에서 여분의 물이 증산된다는 사실을 보이기 위한 실험 장치이다.

라 잎의 기공을 통해 흡수된 이산화탄소도 식물의 질량 증가와 생장에 크게 기여하기 때문이다. 하지만 헬몬트의 버드나무 실험은 식물 생장에 필요한 요소 한 가지를 밝혀냈다는 점에서 의미 있는 실험이었다.

18세기에는 스코틀랜드를 중심으로 기체 연구가 활발하게 진행되었다. 기체화학이 발달하면서 학자들은 공기가 단일 성분이 아니라 여러 기체들의 혼합물이라는 사실을 알게 되었다. 기체 화학은 이산화탄소가 식물 생장에 중요한 역할을 한다는 사실을 알아내는 단초가 되었다.

영국의 목사이자 자연철학자였던 스테판 헤일스(Stephen Hales, 1677~1761)가 공기 연구의 포문을 열었다. 그는 고체나 액체 안에 공기가 고정될 수 있다는 사실을 최초로 알아냈다. 1727년에 발표한 연구에서 헤일스는 기체가 식물체의 중요한 구성 요소라는 것을 밝혀냈다. 하지만 공기 중의 기체 성분이 식물 생장에 필요한 요소라는 사실이 수용되기까지는 더 시간이 필요했다.

헤일스의 연구가 있고 나서 약 20년 후인 1747년에 스위스의 자연학자 샤를 보네(Charles Bonnet, 1720~1793)는 초기 광합성 연구의 이정표가 될 실험을 실시했다. 큰 유리 용기에 물을 붓고, 잎이 달린 포도 줄기를 그 안에 잠기도록 넣어 두자 용기 안에서 엄청나게 많은 기포가 발생한 실험이었다. 단, 기포는 빛이 비치는 낮 동안에만 발생했고, 해가 진 이후에는 발생하지 않았다. 보네의 실험은 여러 신진 학자들의 호기심을 자극했고, 젊은 학자들이 광합성 연구를 견인해 나가는 동인이 되었다. 이 젊은 학자들이 바로 프리스틀리, 잉엔하우스, 세너비어, 그리고 소쉬르였다.

식물과 기체의 관계에 대한 연구를 처음 시작한 자연철학자는 조지프 프리스틀리(Joseph Priestley, 1733~1804)였다. 프리스틀리는 공기를 구성하는 다양한 기체들을 분리해 낸 것으로 유명하다. 동물의 호흡에 공기가 필요하다는 것을 알고 있었던 프리스틀리는 그는 식물의 호흡 결과 공기에 어떤 변화가 나타나는지를 알아보기 위한 실험을 고안했다.

프리스틀리는 양초 불을 꺼 버릴 만큼 탁해진 공기가 가득 찬 유리종에 잎이 잔뜩 달린 나뭇가지를 넣었다. 약 10일이 지나자 공기는 다시 양초를 태울 능력을 회복했다. 쥐의 호흡으로 공기가 탁해진 유리종에 식물을 넣을 때도 역시 공기가 다시 신선해졌다.

오늘날의 방식으로 프리스틀리의 실험을 해석하면 다음과 같다. 연소나 호흡으로 발생한 이산화탄소를 식물이 흡수해 광합성에 이용하고, 그 결과 산소를 배출한다. 배출된 산소는 다시 양초의 연소나 쥐의 호흡에 이용된다.

식물이 없을 때 　식물이 있을 때

촛불 꺼짐 　촛불 계속 탐

쥐 죽음 　쥐 생존

　　하지만 당시에 유행하던 플로지스톤 이론을 받아들이고 있었던 프리스틀리는 자신의 실험 결과를 오늘날과는 다른 방식으로 해석했다. 플로지스톤 이론에서는 가연성 물체에 플로지스톤이라는 눈에 보이지 않는 물질이 들어 있다고 가정했다. 플로지스톤 이론에 따르면 연소나 호흡은 물체 안에 있던 플로지스톤이 빠져나가는 현상이었다. 프리스틀리는 양초의 연소나 쥐의 호흡으로 플로지스톤이 공기 중으로 들어가는데, 이때 만약 공기 중에 더 이상 플로지스톤이 들어갈 자리가 없어지면 양초의 불이 꺼지고 생쥐는 죽는다고 생각했다. 그는 플로지스톤으로 꽉 찬 공기를 상한 공기라고 불렀다.

　　그렇다면 플로지스톤 이론을 따르는 프리스틀리가 생각한 식물의 역할은 무엇이었을까? 프리스틀리는 식물이 있을 때 연소나 호흡이 다시 가능해지는 것은 식물이 공기 중의 플로지스톤을 흡수하기 때문이라고 생각

◯ **물속에서 발생하는 산소 기포** 수중 식물에서 산소가 발생하는 모습이다.

했다. 식물이 공기 중의 플로지스톤을 흡수하여 공기 중에 플로지스톤이 들어갈 자리가 생기면, 연소나 호흡이 다시 가능해진다고 본 것이다. 프리스틀리는 식물이 플로지스톤을 흡수함으로써 플로지스톤으로 꽉 찼던 공기를 다시 신선하게 한다고 주장했다. 식물이 '플로지스톤 없는 공기'를 만들어 공기를 정화한다고 생각했던 것이다. 프리스틀리는 이 '플로지스톤 없는 공기'를 '생명의 공기'라고 불렀는데, 후에 프랑스의 화학자 라부아지에가 이 기체에 '산소'라는 이름을 붙인다.

프리스틀리의 연구 결과는 네덜란드의 생리학자였던 얀 잉엔하우스(Jan Ingenhousz, 1730~1799)를 자극했다. 잉엔하우스는 식물의 공기 정화 능력을 연구하기 시작했다. 잉엔하우스는 보네와 프리스틀리의 실험을 되풀이하는 과정에서 여러 가지 사실을 알아냈다. 식물을 물속에 두었더니 잎의 안쪽에서 기포가 발생했는데, 이 기포의 정체는 산소였다. 연구 초기에

는 잉엔하우스도 플로지스톤 이론을 믿고 있었기 때문에 이 기포의 정체를 플로지스톤 없는 공기라고 생각했다. 하지만 1790년대 이후에는 그도 산소 개념을 받아들여 광합성의 산물이 산소라고 주장하기 시작했다.

잉엔하우스는 1779년의 이 실험에서 산소는 식물체 전체에서 발생하는 것이 아니라 녹색을 띤 부분에서만 발생한다는 사실도 알아냈다. 그는 빛을 비출 때만 식물에서 기체가 발생하며, 빛이 없을 때는 기체가 발생하지 않는다는 보네의 실험 결과도 재확인했다. 잉엔하우스는 식물의 잎이 산소를 만드는 데는 반드시 빛이 필요하다고 결론 내렸다.

잉엔하우스는 빛이 없을 때는 오히려 식물이 동물처럼 이산화탄소를 내보낸다는 사실도 알아냈다. 쥐와 식물을 유리종 안에 넣고 빛을 차단하면 쥐는 죽어 버렸다. 그는 빛이 없으면 식물도 호흡을 한다는 점을 발견함으로써 광합성과 호흡의 차이를 명확하게 구분해 낸 최초의 인물이 되었다.

빛 공급　　　　　빛 차단

쥐 생존　　　　　쥐 죽음

　잉엔하우스가 식물 연구를 시작했을 때, 식물이 생장에 필요한 탄소를 어디서 얻는지에 관한 당시 주류 이론은 '부식토설(腐植土設)'이었다. 부식토설이란 비옥한 흙인 부식토에 들어 있던 탄소가 뿌리를 통해 식물 체내로 흡수된다는 이론이다. 하지만 부식토가 식물의 탄소 공급원이라는 이론에는 몇 가지 문제가 있었다. 식물은 부식토를 함유하지 않는 암석 위에서도, 심지어 수경 재배를 통해서도 잘 자랐다. 잉엔하우스는 빛이 있을 때 녹색식물이 흡수하는 산소의 질량이 빛이 없을 때 내보내는 이산화탄소의 질량보다 많다는 사실을 바탕으로, 식물의 탄소 공급원이 공기 중에 있는 이산화탄소일 것이라고 추측했다.

　그렇다면 식물에서 나오는 산소와 이산화탄소는 어떤 관계가 있을까? 스위스의 목사이자 자연학자인 장 세너비어(Jean Senebier, 1742~1809)는 이 질문의 답을 찾으려고 했다. 세너비어는 제네바의 부유한 상인의 아들로 태어났지만 가업을 이어받지 않고 과학 연구의 길을 선택했다. 보네의 실험에 자극받은 연구자들 중 하나였던 세너비어는 1765년경부터 광합성

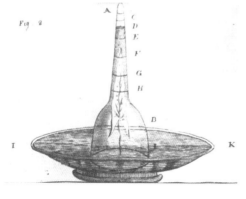

에 관한 연구를 시작했다.

생물학에서 세너비어의 가장 큰 공헌은 광합성 과정에서 이산화탄소가 맡은 역할을 밝혀낸 것이다. 실험이란 자연을 고문해서 자연의 비밀을 드러내는 것이라고 믿었던 세너비어는 다양한 실험을 통해 광합성에 관한 여러 가지 사실들을 알아냈다. 녹색식물을 증류수에 넣었을 때는 산소가 발생하지 않는다는 점, 녹색식물은 탄산, 즉 이산화탄소가 있을 때만 산소를 발생한다는 점, 광합성을 할 때 줄어든 이산화탄소의 양과 늘어난 산소의 양은 비례한다는 점 등이었다. 세너비어는 이 실험 결과를 바탕으로 녹색식물은 광합성 과정에서 이산화탄소를 흡수한 뒤 이를 분해해 산소를 발생시킨다고 추론했다.

세너비어는 식물체 전체가 아닌 초록색 잎만 있어도 산소가 발생한다는 사실도 알아냈다. 또한 빛이 있을 때만 광합성이 일어나는 이유는 빛이 이산화탄소를 분해하기 때문이라고 생각하기도 했다.

연구 초창기에는 세너비어도 플로지스톤 이론을 수용하고 있었다. 그래서 식물은 흡수한 공기에서 불필요한 부분을 분리하고 나서, 남은 순수한 공기는 내보내고, 대신 플로지스톤을 흡수해 생장에 이용한다고 생각했다. 하지만 이후 라부아지에가 산소 이론을 확립하자 자신이 플로지스톤이라고 생각했던 기체가 탄소이며, 식물이 내보내는 순수한 공기는 산소였다고 결론 내렸다.

오늘날의 관점에서 보면 세너비어의 연구에는 오류가 많다. 실제로는 광합성에 필요한 이산화탄소는 공기 중에 있던 것이 식물체 안에 고정되는 것이고, 광합성 결과 발생하는 산소는 물이 분해되어서 나온다. 하지만 세너비어는 탄소가 뿌리에서 줄기를 통해 잎으로 가고, 광합성의 결과 발생하는 산소는 탄산 가스(이산화탄소)가 분해된 산물이라고 생각했다. 그의 연구에는 이런 한계가 있었지만 이산화탄소와 산소의 관계를 체계적으로 고찰했다는 점, 탄소가 식물의 중요한 영양 공급원임을 밝혀낸 최초의 연구였다는 점에서 의의를 찾을 수 있다.

광합성 연구에서 또 하나의 중요한 발견은 광합성 과정에 물이 중요한 역할을 한다는 사실을 알아낸 것이었다. 물의 역할을 알아낸 사람은 보네의 조카이자 세너비어의 제자였던 니콜라 테오도르 드 소쉬르(Nicolas-Théodore de Saussure, 1767~1845)였다. 소쉬르는 유명한 지질학자이자 기상학자, 등반가였던 아버지를 따라 어렸을 때부터 알프스 등지를 오르며 자연을 관찰해 자연에 대해 풍부한 지식을 가지고 있었다.

라부아지에의 발견들을 보고 화학에 흥미를 느낀 소쉬르는 라부아지에의 정량적 연구 방법을 광합성 연구에 적극적으로 적용했다. 소쉬르는 일일초를 유리 종 안에 넣고 빛을 비춘 다음, 유리 종 안의 공기 조성이 어떻

◐ 니콜라 테오도르 드 소쉬르 광합성 연구에 정량적 계산을 도입했다.

게 바뀌었는지를 측정했다. 7일이 지난 후 보니 탄산 가스는 거의 흡수되어 없어지고 산소의 양이 증가해 있었다. 이를 통해 소쉬르는 식물이 광합성으로 탄산 가스를 흡수하고 산소를 방출한다는 결론을 내렸다.

공기	질소	산소	탄산 가스
처음의 공기 조성	4,199cm³	1,116cm³	431cm³
일주일 뒤의 공기 조성	4,338cm³	1,408cm³	0cm³

소쉬르의 실험 결과를 보면 탄산 가스의 양은 $431cm^3$ 줄어들고, 산소의 양은 $292cm^3$만 늘었다. 소쉬르는 식물이 그 차이에 해당하는 산소 $139cm^3$를 탄산 가스를 분해하는 데 쓰고, 대신 $139cm^3$의 질소를 생성한다고 결론 내렸다. 이것은 잘못된 결론이긴 했지만 소쉬르가 선대 연구자들과는 달리 정량화된 실험을 진행했음을 보여 준다.

소쉬르는 1804년에 출판한《식물 생장에 관한 화학적 연구》에서 식물이 생장하기 위해서는 이산화탄소와 함께 반드시 물이 필요하다고 주장했다. 또한 이전 연구자들과는 달리 식물은 생장에 필요한 탄소를 뿌리가 아닌 공기 속의 이산화탄소를 흡수함으로써 얻는다고 주장했다. 소쉬르는 식물 생장에 이산화탄소와 물이 중요한 역할을 한다는 것을 보임으로써 부식토설을 완전히 잠재울 수 있었다.

소쉬르의 연구를 끝으로 광합성에 관한 초기의 화학식이 완성되었다. 광합성이란 빛이 있는 상태에서, 녹색식물이 이산화탄소와 물을 이용해 산소를 발생시키고 식물체 내에 탄소를 고정시켜 생장에 이용하는 과정이다. 탄소 고정이란 탄소가 포도당 같은 유기물로 전환된다는 의미이다. 오늘날 소쉬르는 헬몬트, 프리스틀리, 잉엔하우스, 세너비어 등이 시작한 초기 광합성 연구를 완성시킨 사람으로 평가받는다.

녹색식물의 광합성 과정

이산화탄소 + 물 $\xrightarrow{\text{빛}}$ 산소 + 식물체 내에 탄소 고정

광합성, 빛 에너지를 화학 에너지로 바꾸는 과정

소쉬르의 연구는 광합성에 필요한 물질과 그 산물에 관한 초기 연구를 일단락하는 데 중요한 역할을 했지만 광합성을 이해하기 위해 필요한 핵심적인 요소가 하나 빠져 있었다. 바로 에너지 개념이었다. 일을 할 수 있는 능력을 뜻하는 에너지 개념은 19세기 중반에야 물리학 분야에서 확립

되었다. 따라서 초기 광합성 연구에서 에너지 개념을 찾아볼 수 없는 것은 것은 당연한 일이었다.

에너지 보존 법칙은 1840년대에 제임스 프레스콧 줄(James Prescott Joule, 1818~1889), 율리우스 로베르트 폰 마이어(Julius Robert von Mayer, 1814~1878), 헤르만 폰 헬름홀츠(Hermann von Helmholtz, 1821~1894)가 동시에 알아냈다. 에너지 보존 법칙에 따르면 여러 형태의 에너지는 서로 전환될 수 있고, 에너지의 총량은 변하지 않는다. 에너지 보존 법칙이 물리학을 넘어 생물학 분야에 적용되기까지는 약간의 시간이 필요했다.

에너지 보존 법칙을 발견한 독일의 물리학자이자 의사인 마이어는 1862년에 에너지 보존 법칙이 생물에게도 적용된다고 주장했다. 그는 녹색식물은 태양으로부터 오는 빛 에너지를 화학 에너지의 형태로 저장한다고 결론 내렸다. 마이어에 따르면 식물은 자연계에서 화학 에너지 제공자 역할을 한다. 식물체 내에 저장된 화학 에너지는 생물들이 조직을 만들거나 세포 활동을 하는 데 이용된다.

식물이 저장한 화학 에너지는 어떤 형태로 식물체 안에 존재할까? 식물생리학의 아버지라고 불리는 독일의 식물학자 율리우스 폰 작스(Julius von Sachs, 1832~1897)는 1860년대 초중반에 광합성이 엽록체에서 일어나며, 엽록체에서는 광합성의 결과로 녹말이 생성된다는 사실을 알아냈다.

작스는 잎의 일부를 알루미늄박으로 가리고 잎을 햇빛에 노출시켰다. 일정 시간이 지난 뒤 잎을 에탄올에 넣어 엽록소를 제거한 다음, 잎에 아이오딘-아이오딘화 칼륨 용액을 떨어뜨렸더니 빛을 쬔 부분만 청남색으로 색이 변했다. 아이오딘-아이오딘화 칼륨 용액은 녹말과 만나면 청남색

◎ 율리우스 폰 작스 광합성으로 녹말이 생성된다는 사실을 밝혀냈다.

으로 변하므로 실험 결과는 빛을 쬔 부분에만 녹말이 있음을 의미했다. 작스는 이 실험 결과를 바탕으로 광합성으로 만들어지는 물질은 녹말이며, 녹말 생산은 빛을 쬘 때만 일어난다는 것을 보여 주었다.

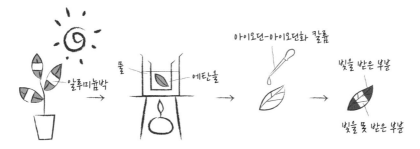

작스는 광합성이 이산화탄소를 환원시켜서 포도당이나 녹말을 만들어 내는 반응이라고 정리했다. 조직 세포에서 일어나는 세포 호흡은 이렇게 만들어진 포도당을 다시 이산화탄소로 바꾸는 과정이라고 할 수 있다. 작스의 실험 결과를 받아들이면 광합성 과정은 다음과 같이 수정된다.

$$nCO_2 + H_2O + 빛 에너지 \longrightarrow (CH_2O)n + nO_2$$

이산화탄소 물   당   산소

◐ 테오도어 빌헬름 엥겔만 빛의 파장과 광합성의 관계를 분석하는 실험을 진행했다.

광합성 연구 방법은 시간이 지나면서 점차 정교하고 복잡해져 갔다. 광합성에 사용되는 빛의 파장에 관한 연구 또한 무척이나 정교해졌다. 광합성의 결과 산소가 발생한다는 것은 잉엔하우스(1779년)와 소쉬르(1804년)가 밝혀냈었다. 독일의 식물학자인 테오도어 빌헬름 엥겔만(Theodor Wilhelm Engelmann, 1843~1909)은 광합성을 할 때 실제로 산소가 발생하는지를 알아보고자 매우 독창적인 실험을 구상했다.

1884년에 엥겔만은 긴 머리카락 모양의 조류인 해캄, 산소가 있어야만 살 수 있는 호기성 세균을 이용해 실험을 진행했다. 그는 빛의 파장에 따라 호기성 세균의 움직임이 어떻게 변하는지를 추적했다. 엥겔만은 프리즘을 이용해 백색광을 분산시켜 여러 색의 빛을 만들었다. 빛은 파장의 길이에 따라 색깔이 달라진다. 엥겔만은 프리즘으로 분산시켜 만든 서로 다른 파장의 빛을 해캄에 쪼였다.

엥겔만은 빨간색 빛을 받은 부분과 보라·파란색 빛을 받은 부분에 있는 엽록체 주변에 호기성 세균이 많이 모이는 것을 관찰할 수 있었다. 산소가 있어야 하는 호기성 세균은 산소가 많이 있는 곳을 찾아갈 것이므로 이 실험 결과는 빨간색과 보라·파란색 부분에서 산소가 많이 발생했음을 의미했다. 즉 빨간색, 보라·파란색 빛을 쬘 때 녹색식물의 광합성이 활발해진다는 의미이다. 이 실험을 통해 엥겔만은 광합성이 일어나는 정도는 빛의 파장에 따라 달라지며, 빨간색 빛(파장 650~680nm)과 보라·파란색 빛(파장 480~490nm)에서 광합성이 가장 활발하게 일어난다고 결론지었다.

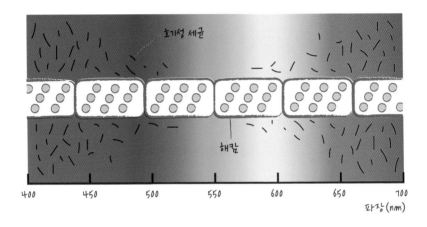

광합성의 두 단계인 명반응과 암반응을 분석하다

엥겔만의 실험이 광합성 연구를 더 정교화하는 것이었다면, 미국의 미생물학자 코닐리어스 바레니우스 반 닐(Cornelius Bernardus van Niel, 1897~1985)의 실험은 세너비어와 같은 초기 연구자들의 연구가 잘못되었음을 증명하는 것이었다. 세너비어는 광합성의 결과로 생성되는 산소는 식물이 흡수한 이산화탄소에서 나온다고 주장했다. 닐은 실험으로 식물이 내보내는 산소는 이산화탄소가 아니라 물 분자가 쪼개져 나오는 것임을 증명했다.

닐은 홍색황세균을 연구 대상으로 삼았다. 홍색황세균은 광합성 과정에서 물 대신에 황화 수소를 이용하며, 그 결과 산소가 아니라 황을 생성한다. 홍색황세균의 광합성을 수식으로 정리하면 다음과 같다.

$$CO_2 \ + \ 2H_2S + \text{빛 에너지} \longrightarrow (CH_2O)_n + H_2O + 2S$$
이산화탄소 황화 수소   당   물   황

홍색황세균 연구는 식물의 광합성을 이해하는 데 획기적인 변화를 가져왔다. 홍색황세균은 광합성에 이산화탄소를 이용하지만 그 산물로 산소를 방출하지는 않는다. 이 세균의 광합성 과정에서 황화 수소(H_2S)는 황(S)이 되었고, 이산화탄소(CO_2)는 당(CH_2O)이 되었다. 닐은 녹색식물의 광합성도 같은 단계를 거칠 것이기 때문에 물(H_2O)은 산소(O)가 되고, 이산화탄소(CO_2)는 당(CH_2O)이 될 것이라고 생각했다.

산화란 어떤 물질이 산소와 결합하거나 전자를 잃거나 수소를 잃는 현상을 말한다. 그 반대로 산소를 잃거나 전자를 얻거나 수소와 결합하는 반응은 환원이라고 한다. 닐은 황화 수소(H_2S)가 수소 이온(H^+)을 잃고 황(S)으로 산화하는 것처럼 물(H_2O)도 수소 이온(H^+)을 잃고 산화해 산소(O)가 된다고 추론한 것이다.

$$CO_2 \ + \ 2H_2O + \text{빛 에너지} \longrightarrow (CH_2O)_n + H_2O + O_2$$
이산화탄소   물   당   물   산소

닐의 연구는 세너비어가 생각했던 것과는 달리 산소가 이산화탄소에서 나온 것이 아님을 보여 주었다. 닐의 실험 이후로 생물학자들은 광합성 과정에서 생성되는 산소는 물이 분해된 결과물이라고 생각하기 시작했다. 1937년에 영국의 생화학자인 로버트 힐(Robert Hill, 1899~1991, 로빈 힐로도 불림)이 이산화탄소가 없어도 빛만 있으면 산소를 발생시키는 엽록체를 분리하면서 이 믿음은 더욱 확고하게 굳어졌다.

힐은 옥살산 철(Ⅲ)(ferric oxalate)을 이용한 실험을 통해 빛을 비출 때 엽록체에서 산소가 발생한다는 것을 밝혔다. 엽록체 추출액과 옥살산 철(Ⅲ)을 시험관에 넣고 시험관 속 이산화탄소를 모두 빼낸 다음 빛을 비추자 시험관 안에서는 산소가 발생했다. 이때 옥살산 철(Ⅲ)은 옥살산 철(Ⅱ)(ferrous oxalate)로 환원되었다. 힐은 용기 속에는 이산화탄소가 없었기 때문에 발생한 산소는 물의 분해 산물이며, 옥살산 철(Ⅲ)은 물이 분해되면서 방출한 전자를 받아들여 옥살산 철(Ⅱ)로 환원된 것이라고 주장했다.

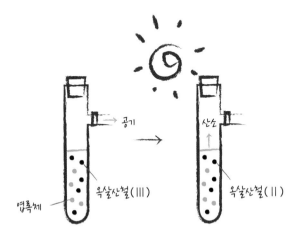

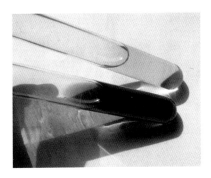

● DCPIP 산화된 DCPIP는 파란색이지만 환원되면 색이 사라진다.

힐은 DCPIP(2,6-Dichlorophenol indophenol)라는 물질을 이용해 물 분해 과정에서 발생한 전자에 의해 실제로 환원이 일어나는지를 확인했다. DCPIP는 산화된 상태에서는 파란색을 띠지만 전자를 수용해 환원되면 색이 점점 사라진다. 힐은 광합성 실험을 통해 DCPIP의 색이 사라지는 것을 확인했다. 이런 일련의 실험을 통해 힐은 빛이 비칠 때 엽록체에서 물이 분해되면서 전자가 나오고, 전자 수용체가 이 전자를 받아들여 환원된다는 것을 알아냈다.

광합성으로 방출되는 산소가 물 분해의 산물이라는 사실은 1930년대 이후 방사성 추적자 기법이 발달하면서 확인되었다. 성질은 같지만 질량이 다른 원소를 동위 원소라고 한다. 동위 원소는 성질이 같기 때문에 생물체는 동위 원소들을 구분하지 못하고 대사 과정에 이용한다. 생물체 안에서 동위 원소가 내보내는 방사능을 추적해 동위 원소들의 이동 경로를 알아내는 기법을 방사성 추적자 기법이라고 한다.

미국의 화학자 새뮤얼 루벤(Samuel Ruben, 1913~1943)은 1941년에 산소-16(^{16}O)의 동위 원소인 산소-18(^{18}O)을 함유한 물에 식물을 넣고 빛을 비추었다. 산소-18은 산소-16에 비해 무겁지만, 식물은 동위 원소를 구분할 수 없기 때문에 산소-18이 든 물을 자연스럽게 흡수해 광합성에 이용한다. 생물학자들은 광합성으로 방출되는 산소 기체를 포집해 이 산소 기체들이 산소-18을 함유하고 있음을 확인했다. 이로써 광합성 산물인 산소는 물이 분해되면서 나온다는 사실이 입증되었다.

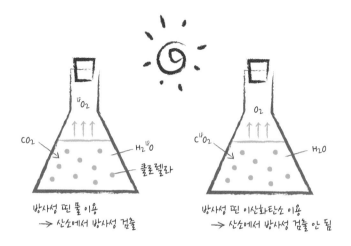

힐과 루벤의 연구는 엽록체에 빛을 비추면 물이 분해되어 산소가 방출되며, 그 과정에서 생성된 전자에 의해 전자 수용체가 환원된다는 사실을 증명했다. 이 반응은 빛이 비칠 때만 일어나기 때문에 '힐 반응(Hill reaction)' 혹은 '명반응(light-dependent reaction)'이라고 부른다. 아래는 명반응 중 물 분해 과정을 정리한 반응식이다.

$$H_2O \longrightarrow 1/2O_2 + 2H^+ + 2e^-$$
물　　　　　산소　수소 이온　전자

○ 멜빈 엘리스 캘빈 광합성으로 포도당이 생성되는 과정을 알아냈다.

힐의 연구 이후 엽록체에서 전자 수용체 역할을 하는 물질은 NADP임이 밝혀졌다. 물의 분해 결과 발생한 전자와 수소 이온을 받아들인 NADP는 NADPH로 환원되고, 이 과정에서 유기 화합물인 ATP가 생성된다. NADPH와 ATP는 광합성의 두 번째 과정에서 중요한 역할을 한다.

명반응은 광합성에 관한 매우 중요한 사실을 시사하고 있었다. 광합성 과정에서 이산화탄소 동화와 산소 발생은 별개로 일어난다는 사실이었다. 미국의 생물학자 앤드루 벤슨(Andrew Benson, 1917~2015)은 이산화탄소의 동화 과정에 관심을 가졌다. 벤슨은 멜빈 엘리스 캘빈(Melvin Ellis Calvin, 1911~1997), 제임스 앨런 배스햄(James Alan Bassham, 1922~2012)과 더불어 1946년에서 1953년에 이르는 기간 동안 탄소 고정 과정을 밝혔다. 이산화탄소 속의 탄소가 포도당 같은 유기물에 들어가는 탄소 고정은 탄소가 산소를 잃어야 가능한 일이다.

1949년에 벤슨은 암실에 있는 식물이 이산화탄소를 흡수하는 현상을 발견했다. 벤슨은 식물에게 빛만 공급할 경우, 식물에게 이산화탄소만 공급할 경우, 그리고 빛을 쬐고 있던 식물을 이산화탄소가 들어 있는 암실로 옮겼을 경우로 구분해 어떤 경우에 식물에서 탄소 고정이 일어나는지를 알아보았다. 그 결과 일단 빛을 흡수한 식물은 빛이 없는 상태에서도 이산화탄소를 흡수해 탄소를 고정시킨다는 것을 알아냈다. 벤슨은 식물은 빛이 있을 때 어떤 물질을 합성하고, 이 물질이 합성된 이후에는 빛이 없는 상태에서도 이산화탄소를 흡수해 고정시킬 수 있다고 결론 내렸다. 이것이 바로 암반응이라고 불리는 광합성의 두 번째 단계이다.

벤슨, 캘빈, 배스햄이 속해 있던 버클리 대학교 연구팀은 탄소의 방사성 동위 원소인 탄소-14(^{14}C)를 녹조류 생물인 클로렐라에 주입한 다음, 광합성의 각 단계에서 만들어지는 산물을 알아보는 실험을 진행했다. 당시는 제2차 세계 대전이 끝나고 방사성 동위 원소가 연구용으로 민간에 한창 공급되기 시작하던 때였다. 이들은 클로렐라 배양액에 탄소-14가 들어 있는 이산화탄소 $^{14}CO_2$를 첨가한 다음 빛을 비추었다. 연구팀은 일정한 시간 간격으로 클로렐라 배양액을 끓는 메탄올에 떨어뜨려 광합성을 중지시킨 다음, 클로렐라에 들어 있는 물질을 추출했다.

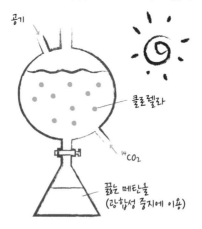

캘빈 연구팀은 $^{14}CO_2$에 5초 동안 노출한 클로렐라에서는 PGA(3-phosphoglyceric acid)라는 물질만이 검출되는 것을 확인했다. 5초 후 대부분의 탄소-14가 PGA에 포함되어 있었다는 것은 이산화탄소 고정의 최초 산물이 PGA임을 의미한다. PGA는 탄소 3개가 결합된 3탄소 화합물이다.

캘빈 연구팀은 클로렐라를 $^{14}CO_2$에 각각 30초, 5분, 15분씩 노출시켜 광합성 산물이 형성되는 과정을 알아냈다. 이산화탄소로부터 포도당($C_6H_{12}O_6$)이 생성되는 전 과정은 대표 연구자 캘빈의 이름을 따서 '캘빈 회로(Calvin Cycle)'라는 이름이 붙었다. 캘빈 회로는 일반적으로 명반응과 대비되어 '암반응(dark reaction)'이라고도 불리고, '광-비의존적 반응(light independent reaction)'이라고도 한다.

그렇다면 명반응과 암반응은 어떻게 연결될까? 이 둘을 연결하는 것은 물이 산소 기체로 나뉠 때 방출되는 전자와 수소 이온이다. 명반응을 통해 생성된 전자와 수소 이온은 NADPH와 ATP를 생성하는 데 이용된다. 이 NADPH를 수소 공급원으로 하고 ATP를 에너지원으로 삼아 이산화탄소를 환원시켜 포도당을 합성하는 과정이 바로 암반응이다.

이후 이 과정에서 다양한 효소들이 작용한다는 것이 밝혀지면서 캘빈 회로는 더욱 정교하게 다듬어졌다. 캘빈은 탄소 동화 작용에 관한 연구 공로로 1961년에 노벨 화학상을 받았다.

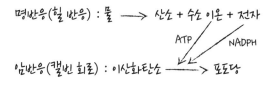

식물, 지구 생명의 토대를 마련하다

광합성이라는 말은 1893년에 미국의 식물학자 찰스 리드 반스(Charles Reid Barnes, 1858~1910)가 처음 제안해 오늘날까지도 사용되고 있다. 광합성 결과 만들어진 포도당이나 과당 등은 서로 결합해 설탕이나 녹말과 같은 탄수화물을 합성하거나 핵산 등의 탄소 골격을 만드는 데 이용된다. 포도당은 분해되어 지방이나 단백질 합성에 이용되기도 한다. 광합성은 이처럼 생물들의 생명 활동에 필수적인 영양소를 만들어 내는 과정이자, 동시에 지구 생명체들이 생명을 유지하는 근원인 산소를 생성해 내는 과정이다.

영국의 물리학자 마이클 패러데이(Michael Faraday, 1791~1867)가 쓴《양초 한 자루에 담긴 화학 이야기》라는 책에서는 광합성과 인간의 관계에 대한 성찰이 드러난다. 이 책은 패러데이가 1860년 크리스마스 때 왕립 연구소에서 어린이들에게 들려준 6번의 강의 내용을 윌리엄 크룩스라는 사람이 책으로 펴낸 것이다. 패러데이가 이 강연을 했을 때는 아직 환경 문제가 부각되지 않았을 시절이었음에도 불구하고 그의 강연에서는 자연과 인류에 대한 사랑이 부단히 강조되었다.

우리가 필요로 하는 깨끗한 공기를 식물에게 주어 보십시오. 시들어 버립니다. 탄산 가스를 주어 보십시오. 그러면 잘 자랄 것입니다. 이 나뭇조각이 탄소를 포함하고 있는 것은 모든 식물과 마찬가지로 대기의 덕분입니다. 즉 우리들에게는 유해한 탄산 가스를 대기가 이것이 필요한 다른 장소로 운반해 가는 것입니다. 어떤 것에는 독이 되는 것도 다른 것에는 양식이 되는 것입니다. 따라서 우리 인류는 이웃 사랑의 덕을 입고 있을 뿐만 아니라 우리와 함께 이 지구상에 살고 있는 모든 피조물의 은혜를 입고 있다고 할 수 있습니다. 자연계의 만물은 자연의 일부분으로서 다른 부분을 위해 도움이 되게 하는 법칙에 의해 서로 결부되어 있습니다. (중략)

따라서 저는 이 강의의 마지막 말로서 여러분의 생명이 양초처럼 오래 계속되어 이웃을 위한 밝은 빛으로 빛나고, 여러분의 행동은 양초의 불꽃과 같은 아름다움을 나타내며, 여러분이 인류의 복지를 위한 의무를 수행하는 데 진 생명을 바쳐 주시기를 간절히 희망하는 바입니다.

—마이클 패러데이,《양초 한 자루에 담긴 화학 이야기》(비대리 옮김, 157~161쪽)

생물들의 생명 활동에 꼭 필요한 산소와 유기화합물을 생성하는 식물의 역할, 그리고 자연계 생명체들 간의 유기적 관계를 고찰한 패러데이의 강연이 오늘날 우리의 자연관에 던지는 시사점은 무엇일까?

또 다른 이야기 | 내 세포 안에서 다른 세포가 공생하고 있다고? ··········

지구는 약 45억 년 전에 탄생했다. 그로부터 약 10억 년이 흐른 뒤 바다에 시아노박테리아(남세균 또는 남조세균)가 나타났다. 시아노박테리아는 광합성을 할 수 있는 단세포 세균이다. 시아노박테리아가 광합성을 하자 대기에 산소가 풍부해지기 시작했다. 그로부터 5억~10억 년 후에는 핵막을 가진 진핵생물이 등장했고, 20억 년 뒤, 지금으로부터 약 4억 5천만 년 전에 광합성을 하는 육상식물이 출현했다.

광합성 식물이 어떻게 출현하게 되었는지를 설명하는 이론이 '세포 내 공생설'이다. 이 이론은 독립적으로 생활하던 원핵생물이 다른 원핵생물의 세포 안으로 들어가 공생하면서 여러 세포 소기관으로 진화했다는 이론이다. 세포 내 공생설은 미국의 생물학자 린 마굴리스(Lynn Margulis, 1938~2011)가 주장해 많은 지지를 얻었다.

세포 소기관 중에서 엽록체와 미토콘드리아는 핵의 지배를 받지 않는다. 엽록체와 미토콘드리아는 독자적인 DNA를 가지고 독자적으로 효소를 생성한다. 마굴리스는 이 점을 바탕으로 시아노박테리아가 원핵생물 세포 안으로 들어가 세포질 안에서 공생을 하면서 엽록체로 진화했고, 이후 이 원핵생물이 진핵세포로 진화했다는 가설을 세웠던 것이다. 과학자들은 이 가설을 입증할 만한 증거를 찾기 위해 노력했고, 마침내 2012년에 조류 중 하나인 회조류에서 시아노박테리아의 유전자를 찾아냈다. 과학자들은 산소 호흡으로 에너지를 생성해 내는 미토콘드리아도 마찬가지의 진화 과정으로 설명한다. 호기성 세균인 프로테오박테리아가 원핵세포 안으로 들어갔고, 그대로 세포 안에서 미토콘드리아로 진화했을 것이라는 이야기이다.

세포 내 공생설은 다윈의 진화론과는 상당히 다른 방식의 진화 이론이다. 생물 진화의 원동력이 공생이라고 주장하기 때문이다. 세포 내 공생설을 받아들인다면 각 세포 안에 미토콘드리아를 가지고 있는 우리 모두는 원시 지구에 살았던 세균과 공생하고 있는 셈이 된다.

광합성은 녹색식물이 엽록체에서 빛, 물, 이산화탄소로 탄소 화합물을 합성하고 산소를 발생시키는 과정이다. 광합성 연구는 철저하게 실험을 중심으로 이루어졌다. 광합성 연구는 헬몬트와 보네에서 시작해 이후 약 2세기에 걸쳐 진행되었다.

　18세기 말에 프리스틀리는 식물의 광합성으로 공기가 정화된다는 사실을, 잉엔하우스는 빛이 있어야 산소가 발생한다는 사실을 알아냈다. 비슷한 시기에 세너비어는 식물 생상에 이산화탄소가 필요하디는 것을, 이어서 소쉬르가 광합성 과정에 물이 이용된다는 것을 밝혔다. 광합성으로 녹말이 생성된다는 사실을 알아낸 생물학자는 작스였다. 이어서 엥겔만이 빨간색 빛과 보라·파란색 빛에서 광합성이 가장 활발하다는 점을 발견했다.

　20세기 들어 광합성 연구는 화학과 결합되며 더욱 진전했다. 닐은 홍색황세균을 연구해서 광합성으로 발생하는 산소가 물의 분해로 나왔다는 사실을 추론해 냈다. 힐은 빛이 비칠 때 물이 분해되어 산소가 발생한다는 명반응을 알아냈다. 캘빈과 벤슨은 탄소 고정 과정인 암반응 과정을 알아냈다. 이들은 이산화탄소가 포도당과 같은 탄소 화합물로 전환되는 전체 과정을 알아냈다.

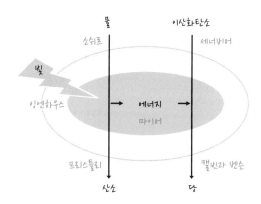

Chapter 4

생물이 계속해서 변해 왔다고?

다윈의 진화론

모든 생물을 증식시키고 바꾸며 진화를 이끄는 단 한 가지 일반적인 법칙은
가장 강한 것을 살리고 가장 약한 것은 죽게 두는 것이다.
– 찰스 로버트 다윈 –

진화론을 가장 단순하게 설명하자면 '시간이 지나면서 생물 종(species)이 점차 변화한다는 생각'이라고 할 수 있다. 오늘날에는 생물이 변화한다는 개념이 그리 낯설지 않지만, 지금으로부터 약 200년 전까지만 해도 생물의 진화를 믿는 사람은 많지 않았다. 18세기까지도 대부분의 사람들은 한번 창조된 생물 종은 변하지 않는다고 믿었다. 하지만 19세기에 들어서자 일부 과학자들을 중심으로 진화라는 개념이 나타나기 시작했다. 과학자들은 생물의 진화가 어떤 과정을 거쳐 일어나는지를 설명하려고 시도했다.

19세기 중반에 영국의 자연학자 찰스 로버트 다윈(Charles Robert Darwin, 1809~1882)이 자신의 진화론을 담은 책《종의 기원》을 펴냈을 때, 이제 막 진화라는 개념을 받아들였던 당대 과학자와 대중은 엄청난 충격을 받았다. 당시 다윈의 진화론이 사람들에게 얼마나 충격이었는지는 정신분석학자 프로이트가 인류 역사상 가장 충격적인 발견 3가지 중 하나로 다윈의 진화론 발표를 꼽았다는 사실로도 알 수 있다.

진화론은 그 진위를 둘러싸고 논쟁이 계속되어 왔다. 진화가 오랜 시간 동안 천천히 진행되기 때문에 직접 눈으로 그 과정을 확인할 수 없다는 점, 진화의 증거가 되는 화석들이 생각보다 많지 않다는 점 등이 그 이유일 것이다. 진화론은 단순히 과학 이론으로 머물기만 하지 않고 사회 현상을 설명하거나 인간의 심리를 분석하는 데 이용되면서 오늘날까지도 큰 영향을 미치고 있다.

진화론이 등장하기 전에는 사람들이 생명체의 변화를 어떻게 생각했을까? 생물이 변화한다는 생각이 언제부터 시작되었는지 정확하게 알 수는 없다. 하지만 고대 그리스에서 관련된 기록을 찾아볼 수는 있다. 고대 그리스의 자연철학자 중에 생물이 진화한다고 생각한 사람들이 있었는데, 그리스의 밀레투스 지역에 살았던 아낙시만드로스(Anaximandros, 기원전 555년경 활동)가 대표적이다.

아낙시만드로스는 모든 생명체가 습한 곳에서 시작되어 건조한 곳으로 올라왔으며, 인간도 다른 생명체로부터 진화해 왔다고 생각했다. 엠페도클레스(Empedocles, 기원전 493년경~기원전 430년경)라는 자연철학자도 이와 비슷하게 생물이 점차 고등하게 진화한다고 믿었다. 하지만 이들의 생각은 널리 알려지지 못했다. 이들보다도 나중에 살았던 고대 그리스의 자연철학자 플라톤과 아리스토텔레스가 생물체가 변하지 않는다고 생각했고, 유럽은 오랫동안 이 두 사람의 영향을 받았기 때문이다.

플라톤은 세계를 우리가 사는 현실 세계와 이상적인 이데아의 세계로 구분했다. 그는 이데아의 세계를 완전하고 영원불변한 본질적인 세계로 여겼다. 이데아의 세계는 영원불변하니 이데아, 즉 사물의 본질은 변하지 않는다. 따라서 플라톤에게 한 생물이 다른 생물로 변하는 일은 상상할 수도 없는 일이었다.

플라톤의 제자였던 아리스토텔레스도 한 생물이 다른 생물로 변하는 일은 있을 수 없다고 믿었다. 이는 추상적이었던 플라톤의 생각과는 달리 자신의 오랜 생물 연구 경험을 바탕으로 한 의견이었다. 아리스토텔레스

◐ 존재의 대사슬 1579년에 그려진 그림으로, 아리스토텔레스의 존재의 대사슬을 나타낸다. 광물부터 신까지 만물이 서열대로 계층 구조를 이룬다.

에 따르면 만물에는 '자연의 사다리' 혹은 '존재의 대사슬'이라는 질서가 있다. 만물은 무생물에서부터 시작해 식물, 동물, 인간, 그리고 신에 이르기까지 계층을 구성하고, 한번 정해진 각각의 위치는 시간이 지나도 변하지 않고 그대로 고정된다. 아리스토텔레스의 자연의 사다리 개념은 유럽 자연사 연구의 기반이 되었다. 이후 기독교가 보편화되자 신이 생물을 창조했다는 생각이 자연의 사다리 개념에 보태졌다.

아리스토텔레스의 이론은 18세기까지도 유럽인의 생각에 영향을 미쳤다. 18세기까지도 많은 유럽인들은 생물이 신이 창조한 이래로 변하지 않고 첫 모습을 그대로 유지하고 있다고 생각했다.

지구의 나이가 길어지자 진화 개념이 생기다

세월이 흐르자 생물이 변하지 않는다는 유럽인들의 믿음은 조금씩 흔들리기 시작했다. 크리스토퍼 콜럼버스가 아메리카 대륙을 발견한 이후로 유럽인들은 새로운 세계로 진출했고, 이들과 함께 그동안 유럽에 알려지지 않았던 많은 식물과 동물이 유럽에 소개되었다. 자연학자들은 자신들이 그동안 우물 안 개구리였다는 사실을 깨닫고, 새로운 동식물을 체계적으로 분류할 방법을 연구하기 시작했다. 린네와 같은 자연학자들은 세계의 동식물을 체계적으로 분류하면 신이 생물들을 창조할 때 불어 넣은 자연의 질서도 알 수 있을 것이라고 믿었다.

분류 체계가 발달할수록 자연학자들은 자연의 사다리 개념에 의문을 품기 시작했다. 분류 체계에 들어맞지 않는 생물들이 발견되기 시작한 것이다. 한 종과 다른 종의 중간형 동물이 발견되는가 하면, 한 식물이 다른 식물로 변화한 경우도 있었다. 품종 개량으로 새로운 종이 생겨나는 현상도 목격했다. 18세기 후반부터 다양한 화석이 새로이 발견되자 자연학자들의 고민은 더욱 커져 갔다. 높은 산 위에서 조개껍데기 화석이 발견되는가 하면, 매머드처럼 더는 존재하지 않는 동물의 화석도 등장한 것이다.

자연학자들은 창조설만으로는 이 모든 현상을 설명할 수 없었다. 만약 매머드가 코끼리의 조상이라면 이는 시간이 지나면서 생물이 변화한다는 의미이고, 매머드가 멸종했다고 보더라도 어쨌든 생물이 창조 이후에 변화했다는 것을 의미하기 때문이다. 자연학자들은 생물의 역사를 다른 방식으로 설명해야 할 필요를 느꼈다. 하지만 자연의 사다리 개념과 생명 창조에 대한 믿음이 그리 쉽게 깨지지는 않았다.

진화가 일어나려면 엄청나게 긴 시간이 필요하다. 17세기, 18세기까지도 많은 사람들은 지구의 나이가 약 6,000살이라고 생각했다. 1650년대에 아일랜드의 제임스 어셔 주교는 성경을 기반으로 천지창조로부터 시작해 아담과 그 후손들의 나이를 모두 더해 본 뒤, 지구가 기원전 4004년에 창조되었다고 주장했다. 지구의 나이를 6,000살로 보았다면 그 짧은 기간 안에 진화가 일어날 수 있다고 생각하기는 어려웠을 것이다.

18세기 말에는 시간 개념을 엄청나게 확장시킬 새로운 학문이 발달하고 있었다. 바로 지질학이었다. 지질학은 광물과 암석, 지각, 화석 등을 연구해 지구의 역사를 밝히려는 학문이다. 지질학이 발달하면서 자연학자들은 지구의 나이가 생각했던 것보다 훨씬 오래되었음을 알게 되었다. 당시 지질학에서는 대표적인 두 이론이 경쟁하고 있었는데, 하나는 '격변설'

◐ 매머드 화석 2007년 시베리아에서 발견된 매머드 화석이다. 매머드 화석은 생물의 진화가 가능하다는 생각이 싹트는데 큰 역할을 했다.

이고 또 하나는 '동일과정설'이었다.

격변설은 현재 우리가 보는 지구의 모습이 대형 운석 충돌, 대규모 화산 폭발, 큰 지진, 대규모 홍수 등과 같은 격변으로 만들어졌다는 이론이다. 격변설에 따르면 지구가 오늘날과 같은 모습을 가지기 위해 그리 긴 시간이 필요하지 않다.

격변설을 지지했던 대표적인 자연학자로 프랑스의 조르주 퀴비에 (Georges Cuvier, 1769~1832)를 들 수 있다. 퀴비에는 오래된 지층에서는 현존하는 생물과 다르게 생긴 화석이 발견되고 최근의 지층에서는 현존하는 생물과 비슷하게 생긴 화석이 발견된다는 사실을 알아냈다. 그는 격변이 일어나 이전에 살았던 생물들이 멸종하고 새로운 생물들이 다시 창조되었기 때문에 그런 현상이 나타난다고 설명했다. 예를 들어 퀴비에는 시베리아에서 얼어 있는 상태로 발견된 매머드 화석을 보고, 빙하기가 서서히 온 것이 아니라 격변으로 갑자기 들이닥쳤기 때문에 시체가 썩지 않고 발견될 수 있었다고 주장했다. 또한 이집트의 미라가 현재의 인류와 비슷

◎ 조르주 퀴비에 퀴비에는 격변설과 창조설을 믿었고, 라마르크의 진화론을 비판했다.

하게 생긴 것을 보고는 한번 창조된 생물은 변하지 않는다고 주장하기도 했다. 생물이 격변으로 멸종한 뒤 새로 창조된다는 퀴비에의 이론은 다윈의 이론이 등장할 때까지 폭넓게 인정받았다.

당시 지질학에서 격변설과 경쟁하던 동일과정설은 퇴적, 운반, 침식, 암석의 풍화, 육지의 침강과 융기 등 오늘날 우리가 볼 수 있는 지질 작용이 아주 오랫동안 계속되어서 현재 지구의 모습을 형성했다고 보는 이론이다. 동일과정설에 의하면 지구의 역사는 엄청나게 길어진다. 아주 작은 변화들이 조금씩 쌓여서 오늘날과 같은 지구 모습을 만들려면 얼마나 긴 시간이 걸려야 할까? 동일과정설의 등장으로 인해 자연학자들의 머릿속에는 지구의 나이가 수천 년이 아니라 수억 년 이상일지도 모른다는 믿음과, 그 정도 시간이라면 진화도 가능하다는 생각이 싹트기 시작했다.

지구의 역사를 둘러싼 이론
격변설 : 급격한 변화와 큰 자연재해로 지형 형성
동일과정설 : 작은 변화로 지형 형성 —> 지구 나이 증가 —> 설득력 증가

초기 진화 개념을 대표하는 자연학자는 조르주 루이 르클레르 드 뷔퐁 (Georges-Louis Leclerc de Buffon, 1707~1788)이다. 식물계에 린네가 있다면, 동물계에는 뷔퐁이 있다고 할 만큼 뷔퐁은 당시 동물 연구에서 유명했다. 그는 생물이 시간에 따라 변할 수 있다고 믿었다.

뷔퐁은 진화란 간단한 생물이 더 복잡하고 완전한 생물로 발전하는 것이 아니라, 반대로 생물이 점점 퇴화하는 과정이라고 주장했다. 그가 이렇게 판단한 근거는 현재는 쓰지 않는 흔적 기관이었다. 신이 흔적 기관과 같은 쓸모없는 기관을 창조했을 리가 없다고 생각한 뷔퐁은 신이 원형을 창조했고, 여러 생물들은 이러한 원형에서부터 퇴화했다고 주장했다. 뷔퐁에 의하면 신이 고양이라는 원형을 창조했는데 이 고양이가 점차 퇴화해 사자, 호랑이, 표범이 된 것이다. 당나귀와 얼룩말은 신이 창조한 말이 퇴화한 형태라고 볼 수 있다.

뷔퐁보다도 훨씬 더 정교한 진화론을 고안해 냈고 20세기까지도 큰 영향을 끼쳤던 자연학자로 장 바티스트 피에르 앙투안 드 모네 슈발리에 드 라마르크(Jean Baptiste Pierre Antoine de Monet Chevalier de Lamarck, 1744~1829)가 있다. 라마르크는 생물학이라는 말을 처음으로 만들어 낸 것으로도 유명하다. 라마르크를 최초의 진화론자고 할 수는 없지만, 최초로 체계적인 진화론을 제시한 진화론자라고는 할 수 있다. 라마르크는 학생들에게 무척추동물에 대한 강의를 하다가 생물이 변화할 수도 있다는 생각을 처음으로 떠올렸다. 이런 그의 생각은 그가 펴낸 책《동물 철학》에 담겼는데, 이 책이 출판된 1809년은 다윈이 태어난 해였다.

라마르크는 변화가 아주 조금씩 쌓여서 새로운 생물 종이 생긴다고 보았기에 그의 진화론을 '생물 변이설(transformism)'이라고 부른다. 라마르크는 생물이 2가지 진화 과정을 거친다고 생각했다.

하나는 생물들이 무생물로부터 자연 발생적으로 계속해서 생겨나서 존재의 대사슬 위쪽으로 이동하고 있다는 이론이다. 이것은 에스컬레이터를 탄 것에 비유할 수 있다. 먼저 발생한 생물이 시간이 지나면서 자연의 사다리 위쪽으로 올라갔기 때문에 더 진보했을 것이고, 나중에 발생한 생물이 자연의 사다리 아래쪽을 차지한다는 것이 라마르크의 생각이었다.

또 하나는 생물의 반복적인 행동이 진화에 영향을 끼친다는 이론이다. 라마르크에 따르면 생물은 필요 때문에 반복적인 행동을 한다. 생물이 어떤 특정한 환경에 처하면 환경의 압력에 의해 습성이 변하고, 그 결과 특정한 부위를 더 사용하거나 덜 사용할 것이다. 더 사용한 부분은 더 발달할 것이고, 덜 사용한 부분은 덜 발달한다. 부모 개체 모두가 반복 행동으로 발달된 특성을 가진다면 그 특성은 그들이 낳는 새로운 개체들에게 세대를 거듭해 유전된다. 이것이 바로 그 유명한 '용불용설(用不用說)' 혹은 '획득 형질의 유전설'이라고 불리는 진화론이다.

획득 형질의 유전설

똑을 사용 → → 똑이 길어짐

◔ 키위새 천적이 없는 환경에서 살았던 키위새는
날개가 퇴화해 날 수 없게 되었다.

유명한 기린의 비유를 들어 보자. 기린은 시간이 지나면서 목이 점점 길
어지는 쪽으로 진화했다. 라마르크의 방식으로 설명해 보면, 목이 짧았던
기린들이 높은 곳에 있는 나뭇잎을 따 먹으려고 목을 계속 늘렸고, 이렇게
목이 길어진 형질이 다음 세대로 계속해서 전해지면서 기린의 목이 점점
길어졌다.

뉴질랜드에 사는 키위새의 날개도 같은 방법으로 설명할 수 있다. 키위
새는 매우 작은 날개를 가지고 있는데, 이 날개에는 기능이 없다. 키위새
에게는 오랫동안 천적이 없었기에 날아서 도망갈 필요가 없었다. 날개를
사용하지 않으니 날개는 퇴화했고 몸은 뚱뚱해졌으며, 포유류의 털과 비
슷하게 생긴 깃털만이 남았다.

라마르크의 진화론은 처음에 퀴비에와 같은 자연학자들에게서 엄청난
비판을 받았다. 하지만 시간이 지나면서 점점 더 많은 사람들이 생물이 진
화한다는 사실을 받아들였다. 다윈이 등장할 때쯤에는 생물의 진화 개념
이 유럽 전체에 상당히 널리 퍼져 있었다.

갈라파고스 육지 거북의 등딱지 모양은 왜 섬마다 다를까?

다윈은 1809년에 영국 슈루즈베리의 유명한 의사 집안에서 다섯째로 태어났다. 의사였던 아버지는 다윈이 자신처럼 의사가 되기를 바랐지만, 다윈은 딱정벌레 같은 곤충을 채집하고 동물을 관찰하는 일을 훨씬 더 좋아했다고 한다. 초등학교에 다니는 동안 다윈은 수업에 집중하지 못하고 멍하게 있는다는 지적도 자주 받았다. 다윈의 어머니는 이런 다윈을 인정하고 자연 관찰을 열심히 할 수 있도록 도와주었지만, 아버지는 달랐다. 다윈이 나중에 자서전에서 밝힌 바에 의하면, 다윈의 아버지는 다윈에게 집안의 수치라고 야단쳤다고 한다.

16살이던 1825년에 다윈은 아버지의 뜻에 따라 에든버러 대학교의 의학부에 입학했다. 하지만 대학교에서도 다윈은 동물 표본을 만드는 방법을 배우고, 라마르크의 진화론을 공부했으며, 식물 분류학을 익히는 등 의학보다는 자연학에 더 관심을 뒀다. 그러다가 2년 정도 뒤에 대학교를 그만두었다. 이후에 다윈이 신부가 되기를 바랐던 아버지의 뜻에 따라 케임브리지 대학교에 들어갔지만 이곳에서도 신학보다는 자연학 공부에 집중했다. 다윈은 케임브리지에서 식물학자 존 스티븐스 헨슬로(John Stevens Henslow, 1796~1861)나 격변설 지지자인 지질학자 애덤 세지윅(Adam Sedgwick, 1785~1873) 같은 사람들과 어울리며 야외 조사나 지질 조사도 함께했다. 또한 당대의 유명한 과학 저술들을 탐독했다. 다윈은 1831년 케임브리지 대학교를 졸업했다.

영국 해군함 비글호를 타고 떠나 1831년 12월부터 5년 동안 계속된 세계 일주는 다윈의 인생에서 큰 전환점이 되었다. 비글호는 남아메리카의

◎ 메가테리움 신생대 제4기에 남아메리카에 살았던 나무늘보이다. 몸무게가 많이 나가서 나무에는 올라가지 못하고 땅 위에서 생활했다.

해안을 관측하는 임무를 맡았다. 다윈이 케임브리지 대학교를 졸업한 직후 다윈의 스승이자 동료이기도 했던 헨슬로 교수는 비글호 선장의 말벗을 할 신사로 다윈을 추천했다. 다윈의 아버지는 이 여행을 매우 반대했지만 다윈의 강력한 바람과 헨슬로 교수의 적극적인 추천으로 결국 다윈은 비글호에 승선할 수 있었다.

다윈은 배가 브라질, 우루과이, 칠레, 에콰도르 등 남아메리카 국가의 항구에 정박해 있는 동안 내륙 지방을 탐험했다. 그는 지질 조사를 수행하면서 여러 생물들의 화석을 발견했다. 이때 다윈이 발견한 화석 중에서는 메가테리움이라는 멸종 동물의 화석이 가장 유명하다.

다윈은 여행을 하면서 다양한 경험을 했다. 내륙에서 원주민들을 만나

고 나서 노예 제도의 비인간성에 대해 알게 되었고, 페루의 산간 지방을 탐사하면서 지진을 경험하기도 했다. 다윈은 보고 겪고 관찰한 것들을 일기로 꼼꼼하게 기록했고, 수집물은 영국으로 계속 보냈다. 다윈의 기록은 나중에 《비글호 여행기》라는 책으로 출판되었다.

비글호 항해 도중에 다윈은 동일과정설을 주장했던 찰스 라이엘(Charles Lyell, 1797~1875)이 쓴 《지질학 원론》을 읽었다. 다윈은 동일과정설의 증거들을 발견하면서 동일과정설에 빠져들었다. 특히 해안가에서 계단 모양의 평원과 조개껍데기 화석을 발견하고는, 안데스산맥이 격변으로 갑자기 솟아오른 것이 아니라 오랜 시간에 걸쳐 서서히 융기해 오늘날과 같은 높이에 이르렀다는 확신을 가지게 되었다. 1년에 몇 센티미터에 불과한 융기라도 엄청나게 오랜 시간 동안 계속되면 큰 변화를 가져올 수 있다는 생각에 이른 것이었다.

동일과정설에 대한 믿음은 다윈 진화론의 등장에 아주 중요한 역할을 했다. 동일과정설을 믿기 위해서는 엄청나게 긴 시간 개념을 받아들여야 한다. 마찬가지로 아주 작은 변화가 오랫동안 누적되어 생물 진화가 이루어진다고 생각하기 위해서는 지구의 나이가 엄청나게 많다는 가정이 꼭 필요했다. 동일과정설에 매료된 다윈은 라이엘의 동일과정설을 생물에 적용해 해석하기 시작했다.

다윈의 진화론이 확립되는 데 가장 큰 영향을 끼친 지역은 1835년 비글호 여행 4년 만에 들른 갈라파고스 제도였다. 갈라파고스는 남아메리카 에콰도르의 해안에서 서쪽으로 약 970km 정도 떨어져 있는 군도이다. 약 300만~500만 년 전 해저 화산의 활동으로 생성된 곳으로, 16개의 화산섬과 3개의 암초로 구성된다.

갈라파고스 제도

◐ 갈라파고스 육지 거북 건조한 섬의 거북은 등딱지 앞부분이 산처럼 올라가 있고(좌), 풀이 많은 섬의 거북의 등딱지는 돔 모양이다(우).

육지와 이어지지 않은 화산섬이라는 것은 갈라파고스 제도에 사는 모든 동물들과 식물들이 화산 활동 이후에 외부에서 유입되었다는 사실을 의미한다. 갈라파고스의 각 섬에 사는 동물들은 남아메리카 대륙에 사는 동물들과 비슷하면서도 조금씩 달랐다. 각 섬마다 생물의 모습도 조금씩 달라졌다.

갈라파고스 육지 거북의 경우를 살펴보자. 건조한 섬에 사는 거북은 풀이 무성한 섬에 사는 거북과는 달리 머리 뒤쪽 등딱지가 높은 곳에 있는 잎을 따 먹기 좋게 위로 솟아 있다. 거북만이 아니라 갈라파고스에 사는 핀치도 각 섬마다 부리 모양이 달랐다.

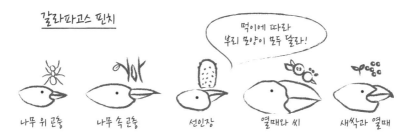

갈라파고스 핀치

먹이에 따라 부리 모양이 모두 달라!

나무 위 곤충   나무 속 곤충   선인장   열매와 씨   새싹과 열매

다윈이 갈라파고스 제도에 머문 것은 몇 주에 불과했다. 하지만 갈라파고스 거북과 핀치를 관찰한 경험은 다윈으로 하여금 종의 불변성에 의문을 갖도록 하기에 충분했다.

찰스 다윈은 비글호 여행을 마치고 5년 만에 영국으로 다시 돌아왔다. 처음에 다윈은 생김새가 조금씩 다른 핀치들이 모두 다른 종류의 새라고 생각했다. 하지만 당시 유명한 조류학자 존 굴드(John Gould, 1804~1881)가 다윈이 갈라파고스에서 관찰했던 새들이 완전히 다른 종이 아니라 모두 핀치 종류라는 사실을 알려 주었다.

다윈은 신이 아무리 섬세하다고 해도 태평양 한가운데 있는 갈라파고스의 작은 섬 하나하나에까지 일일이 서로 다른 핀치를 창조했다고 믿는 것은 지나치다고 생각했다. 오히려 남아메리카 대륙에서 건너간 핀치의 조상이 갈라파고스의 군도에 흩어져 살면서 각 섬의 환경에 적응하며 조금씩 변화했다고 생각하는 쪽이 갈라파고스 핀치와 남미 핀치 간의 유사성과 차이점을 더 잘 설명한다고 여기기 시작했다. 이런 생각은 환경에 따라 등딱지의 모양이 달라진 거북의 경우에도 적용할 수 있었다. 다윈은 생물들이 자신이 살고 있는 환경에 적응하는 과정에서 진화하는 것은 아닐까 생각하기 시작했다. 그렇다면 그 변화는 어떤 방식으로 일어날까?

다윈은 '진화가 어떤 방식으로 일어나는가'에 대한 답을 얻기 위해 품종 개량 과정에 주목했다. 품종 개량을 할 때 사육자들은 여러 가지 변이 중에서 자신들이 원하는 변이를 가진 개체들만 남기고 그렇지 못한 개체는 버린다. 그리고 골라낸 개체끼리 교배시킨다. 이처럼 자신들이 원하는 변이를 가진 개체만 계속 골라내 여러 대에 걸쳐 자손을 번식시키면 결국은 사육자가 원하는 형질을 가진 자손만 살아남는다. 즉, 이것은 인위적인 선택에 의한 진화였다. 사육자가 자신이 원하는 개의 품종을 만들어 내는 과정이 이와 같았다. 개의 입장에서 보면 인간이 원하는 변이를 가진 개는 환경에 적응을 잘한 개체인 셈이다.

다윈은 인간이 인위적으로 원하는 형질을 선택할 수 있다면, 자연도 똑같이 원하는 형질을 선택하지 않을까 생각했다. 진화의 원동력으로 '자연선택'이라는 개념이 등장한 것이다. 다윈의《종의 기원》1장은 바로 이런 내용을 다루고 있다. 다윈은 책의 첫 부분을 인위 선택에 대한 설명으로 시작했는데, 이는 인위적인 선택이 가능하다면 자연적인 선택도 충분히 가능하다는 생각을 받아들이도록 한 영리한 전략이었다.

다음으로 다윈이 관심을 가진 것은 통계학자인 토머스 로버트 맬서스(Thomas Robert Malthus, 1766~1834)가 1789년에 쓴《인구론》이었다. 맬서스에 의하면 가난이란 먹을 것에 비해 사람의 수가 더 많을 경우에 나타난다. 그러면 사람들 사이에서는 식량을 둘러싼 생존 경쟁이 일어나고, 자원을 조금이라도 더 많이 가진 쪽이 생존 경쟁에서 살아남는다. 다윈은 맬서스의 책에서 생존 경쟁과 적자생존이라는 아이디어를 얻어 이를 선택 개념과 연관시켰다.

다윈의 생각을 정리하면 다음과 같다. 자연에는 항상 먹이보다 많은 수의 개체가 태어나는데 이 개체들은 다양한 변이를 가지고 있다. 같은 부모에게서 태어난 자식들도 생김새가 조금씩 다르니 자연에는 변이체가 셀 수도 없이 많을 것이다. 이들 사이에서는 늘 먹을 것을 둘러싼 생존 경쟁이 일어난다. 생존 경쟁에서는 당연히 자연에 잘 적응할 수 있는 형질을 가진 개체가 살아남는다. 살아남은 개체들은 생존 경쟁에서 유리했던 형질을 자손들에게 다시 전달해 줄 것이다. 이러한 과정이 오랜 시간 동안 반복되면 결국 자연에 더 잘 적응하는 방향으로 진화가 일어난다. 한마디로 자연은 잘 적응한 개체를 선택한다.

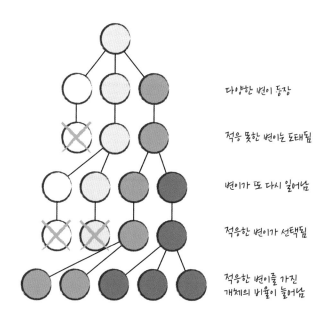

다양한 변이 등장

적응 못한 변이는 도태됨

변이가 또 다시 일어남

적응한 변이가 선택됨

적응한 변이를 가진
개체의 비율이 늘어남

다시 기린을 예로 들어 보자. 기린 중에는 목이 긴 기린도 있었을 것이고 목이 짧은 기린도 있었을 것이다. 기린들은 높은 곳에 있는 나뭇잎을 따 먹으려고 서로 경쟁을 했다. 이 경쟁에서 목이 긴 기린이 살아남았고 목이 짧은 기린들은 살아남지 못했다. 목이 긴 기린은 목이 긴 형질을 자식에게 물려주었고, 이 과정이 반복되면서 목이 긴 변이는 점점 축적되어 기린은 점점 더 목이 길어졌다.

자연 선택설

목이 짧은 기린이
굶어 죽음

자연 선택

목이 긴 형질 유전

다윈 진화론의 핵심은 진화가 곧 다양성의 증가를 의미한다는 점이다. 대다수의 사람들은 진화가 생물이 점점 더 자연의 사다리 위쪽으로 가는 진보 과정이라고 생각한다. 하지만 다윈은 진화가 곧 진보라고 이야기하지 않았다.

다윈의 진화론에서 생물은 공통 조상에서 출발해 가지치기 과정을 거쳐 점점 다양성이 증가한다. 이때 진화는 점진적이고 우연적으로 일어난다. 다윈은 자연에서는 급격한 변화가 일어나지 않고 아주 작은 변화들이 조금씩 축적되어 진화가 일어난다고 믿었다. 신이 개입하지 않은 자연적인 과정에 의해서 말이다. 또한 진화는 생물이 어떤 환경에 처해 있느냐에 따라 그 환경에 적응하는 과정에서 일어나는 것이지, 자연의 사다리 위쪽으로 올라가는 과정이 아니다. 극단적으로 말하자면, 적응이나 다양성이라는 측면에서 보면 지구 곳곳에 살고 있는 세균이 돼지보다 덜 진화된 존재라고 할 수 없다.

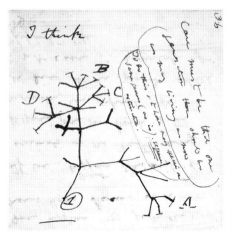

⬥ 다윈의 생명의 나무 1837년에 다윈이 그린 나무 그림으로, 진화가 공통 조상에서 출발해 나무가 가지를 치듯 다양성이 증가하는 과정임을 보여 준다.

다윈, 자신의 연구를 정리해 《종의 기원》을 펴내다

다윈은 비글호 여행을 마친 다음 해인 1837년부터 진화에 대한 생각을 노트에 적기 시작했다. 하지만 다윈은 자기 이론을 곧장 책으로 출판하지는 않았다. 다윈이 비글호 여행을 마친 때가 1836년 말이었고 《종의 기원》을 출판한 것이 1859년이니 자신의 이론을 책으로 내기까지 20년이 넘게 걸린 것이다. 많은 사람들은 다윈이 출판을 미룬 이유가 종교와 갈등을 빚을 것을 두려워해서라고 말한다. 하지만 사실 다윈은 그 20년 동안 다양한 실험을 실시하고 여러 근거 자료를 수집하면서 자신의 주장을 뒷받침할 증거들을 확보하고 있었다.

다윈의 실험을 보면 그가 얼마나 철저하게 자료를 수집했는지 알 수 있다. 한 지역에 살던 식물이 멀리 떨어진 다른 지역에 도달하기 위해서는 씨가 바닷물을 건너거나 동물의 다리 등에 붙어서 이동해야 한다. 다윈은 씨가 바닷물을 건너도 여전히 발아할 능력이 있다는 것을 증명하기 위해

소금물에 씨를 담가 보았다. 소금물 농도를 달리하면서 각각 며칠 동안 담 갔을 때까지 씨가 발아할 수 있는지 실험했던 것이다. 또 동물의 다리에 씨가 붙어서 이동할 가능성을 알아보기 위해, 집 주변에 사는 철새 다리에 붙은 흙 속에 씨가 몇 개나 들어 있는지, 이 씨들은 발아 능력이 있는지 등 을 관찰했다. 심지어 동물이 씨를 삼켜서 이동할 가능성도 알아보기 위해 직접 철새들의 토사물에서 씨를 찾아내 발아 능력을 확인해 보기도 했다.

그동안 다윈의 친구들은 다윈에게 자연 선택 이론을 빨리 책으로 쓰라 고 독촉했고, 다윈은 1856년이 되어서야《자연 선택》이라는 제목으로 책 을 쓰기 시작했다. 책을 반쯤 썼을 때 다윈은 앨프리드 러셀 월리스(Alfred Russel Wallace, 1823~1913)로부터 편지 한 통과 동봉된 논문 한 편을 받았 다. 월리스는 다윈의《비글호 여행기》를 읽고 자극을 받아 탐험을 시작한 자연학자였는데, 당시에는 말레이반도와 인도네시아 등지에서 생물 연구 를 하고 있었다.

편지에서 월리스는 다윈에게 동봉한 논문을 잘 읽어 보고 논문이 가치 가 있다고 여겨지면 출판할 수 있도록 도와달라는 부탁을 했다. 월리스 의 논문을 읽은 다윈은 당혹감과 절망감에 빠졌다. 월리스의 논문이 자신 이 쓰고자 했던 책과 내용이 비슷했을 뿐만 아니라 각 장의 제목마저도 거 의 비슷했기 때문이다. 과학계에서는 연구 발표의 우선권이 상당히 중요 하기 때문에 다윈의 절망감은 당연했다. 하지만 다윈은 친구들과 많은 편 지를 주고받았던 사람이고, 그 편지들 중에는 진화론에 대한 이야기도 있 었다. 다윈이 오랫동안 진화 연구를 했다는 사실을 알고 있던 다윈의 친구 들은 월리스와 다윈이 공동으로 논문을 발표할 수 있도록 애를 썼다. 결국

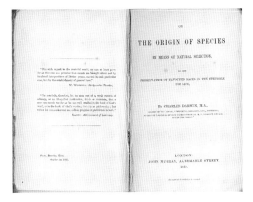

◯ 《종의 기원》 다윈은 자신의 자연 선택설을 이 책에 담아 발표했고, 《종의 기원》은 출간하자마자 다양한 반응을 불러일으켰다.

월리스의 동의로 두 사람은 공동으로 논문을 발표했다.

방대한 내용을 쓰려고 했던 다윈은 본래의 계획을 포기하고 개요만을 출판하기로 결심했다. 그리고 그때부터 1년 동안 집필에 매진해 마침내 1859년 11월 24일 《종의 기원》이 출판되었다. 이 책의 초판 1,250부는 날개 돋친 듯 팔렸다고 한다.

《종의 기원》은 원래 《생존 경쟁에서 유리한 종들의 보존 혹은 자연 선택이라는 방법에 의한 종의 기원에 대하여(On the Origin of Species by Means of Natural election or Preservation of Favoured Races in the Struggles for Life)》라는 긴 제목을 가졌다. 13장으로 구성된 이 책의 전반부에서 다윈은 진화론의 윤곽을 제시했다. 전반부의 내용은 인공 선택과 그로 인한 새로운 품종의 출현, 자연에서의 종의 다양성, 생존 경쟁, 자연 선택을 통한 종의 변화 등이다. 이 책의 중반부에서는 동물들의 예외적인 행동과 습성들, 지질학적 증거와 화석 증거의 부족 등 진화론의 난점을 설명한다. 그리고 마지막으로 다양한 동식물종의 지리 분포와 변이를 설명한다. 《종의 기원》을 잘 읽어 보면 다윈이 늘 신중하게 단어를 선택하면서도 유려하게 자신의 주장을 펼친다는 사실을 알 수 있다. 재미있게도《종의 기원》내내 진화라는 단어는 마지막에 딱 한 번만 나온다.

《종의 기원》과 다윈의 진화론은 엄청난 반향을 불러일으켰다. 유명한 자연학자였던 다윈이 엄청나게 많은 증거와 자료를 제시하며 생물의 진화를 체계적으로 설명했기 때문이었다. 또한 다윈의 이론이 만물은 신이 창조했기 때문에 절대로 변하지 않는다는 기독교의 믿음을 반박하는 것처럼 보였기 때문이기도 했다.

더욱더 사람들을 놀라게 한 다윈의 주장은 인간도 진화 과정에서 예외가 될 수 없다는 것이었다. 다윈은 인간만이 가졌다고 여겨지던 감성들, 예를 들어 협동심 같은 것들마저도 진화의 산물로 보았다. 인간이 다른 어떤 동물로부터 진화했다고 생각하면 신이 인간에게 특별한 지위를 부여했다는 믿음은 깨질 수밖에 없다. 심지어 진화론을 믿는 과학자 중에서도 인간만은 특별하다고 생각하는 사람이 많았으니, 다윈의 진화론이 얼마나 충격이었을지 짐작할 수 있다.

다윈의 진화론을 둘러싸고 논쟁이 일어나다

다윈의 이론을 열렬히 받아들인 사람도 많았지만, 반대도 만만치 않았다. 흔히들 반대의 주축에 종교가 있었으며, 모든 종교인들이 진화론을 반대했을 것이라고 생각한다. 하지만 이는 오해이다. 오히려 종교인 중에서는 다윈의 진화론이 신이 생물을 계속해서 창조하고 있음을 보여 주는 증

○ 다윈 풍자화 인간이 다른 동물들과 다르게 특별한 존재라고 믿었던 당시의 많은 사람들은 다윈을 원숭이에 비유하며 조롱했다.

거라고 믿는 사람도 많았다. 반대로 모든 과학자들이 진화론을 환영했던 것도 아니다. 자연 선택이라는 다윈의 핵심 개념을 받아들이지 못했던 과학자도 많았다. 사실 이는 당시로서는 너무나도 당연한 현상이었다. 자연 선택을 이해하려면 변이라는 개념과 유전이라는 개념을 이해해야 하는데, 당시에는 아직 유전학이 발달되어 있지 않았기 때문이다.

토머스 헨리 헉슬리(Thomas Henry Huxley, 1825~1895)라는 과학자는 스스로를 다윈의 불도그라고 부를 만큼 다윈의 진화론을 열렬히 지지했다. 헉슬리는 과학이 종교로부터 독립해야 한다고 주장하던 사람이었다. 모든 진화 과정을 신의 개입 없이 자연적인 과정으로만 설명한 다윈의 진화론은 이런 헉슬리의 생각과 딱 맞아떨어졌다. 헉슬리는 공개 토론과 대중

○ 다운 하우스 다윈이 40년 넘게 살았던 저택으로 《종의 기원》이 집필된 장소이기도 하다.

강연으로 다윈의 진화론을 널리 알렸다.

　헉슬리와 관련된 유명한 일화가 있다. 다윈의 《종의 기원》이 나온 다음 해 영국 과학진흥협회 모임에서 있었던 일이다. 진화론을 지지하는 헉슬리의 발표가 끝나자 사무엘 윌버포스 주교가 그에게 질문을 던졌다.

　"만약 인간의 조상이 원숭이라면 당신의 아버지 쪽이 원숭이인가 어머니 쪽이 원숭이인가?"

　이에 대해 헉슬리는 이렇게 대답했다.

　"신께서 인간에게 주신 능력을 다른 사람을 비웃는 데 쓰는 사람이 되느니 차라리 원숭이를 조상으로 두겠다."

　하지만 이러한 헉슬리조차도 자연 선택이라는 개념 자체에는 동의하지 못했다.

다윈은 이후에도 《인간의 유래》(1871)와 《인간과 동물의 감정 표현에 대하여》(1872)라는 책을 출판했고, 1881년에는 지렁이에 대한 책을 내서 큰 인기를 끌었다. 하지만 다윈의 자연 선택에 의한 진화론이 확고하게 대중과 과학계에 받아들여진 것은 1930년대가 되어서였다. 유전학이 발달해 변이가 왜 나타나는지, 또 부모의 형질이 자식에게 어떻게 유전되는지를 알게 된 이후에야 인정을 받을 수 있었던 것이다.

생전에 있었던 논란에도 불구하고 다윈은 죽어서 영국의 왕족이나 위인만이 묻힌다는 런던의 웨스트민스터 사원에 매상뇌었다. 나윈의 신화론을 둘러싼 논쟁은 지금도 계속되고 있다.

일반적으로 과학 이론과 법칙은 자연에 관한 지식 체계를 뜻한다. 기체 반응의 법칙이 기체 사이의 반응 이외의 현상을 설명할 수 있을 것이라고 생각하기는 쉽지 않다. 하지만 과학 이론이 반드시 자연 현상 설명에만 이용되지는 않는다. 때때로 과학 이론은 자연 현상을 넘어 사회 현상에 적용되기도 한다. 그 예로 다윈의 진화론을 사회 현상 설명에 이용하고자 했던 사회다윈주의와 우생학을 들 수 있다.

19세기 말에서 20세기 초에 유행했던 사회다윈주의(사회진화론)는 다윈 진화론의 핵심 개념인 생존 경쟁과 적자생존을 이용해 개인과 개인, 개인과 사회, 민족과 민족 사이의 관계를 설명하고자 했다. 사회다윈주의자들은 생물이 자연 선택 과정을 거쳐 진화하는 것처럼 인간 사회도 경쟁과 자연 선택으로 진화한다고 생각했다. 사회다윈주의자들에게 가난한 사람들은 도태된 사람들이며 자본가는 생존 경쟁에서 선택된 사람들이었다. 사회다윈주의는 민족과 민족, 국가와 국가 관계를 설명하는 데까지 나아가면서 제국주의나 인종주의 합리화에 이용되었다.

다윈의 사촌인 프랜시스 골턴이 만든 우생학은 우수한 유전자는 보존하고 열등한 유전자는 제거해야 한다는 생각을 담은 학문이다. 우생학의 전제는 부모가 가진 형질이 자식에게로 유전된다는 것이었다. 따라서 우생학자들은 우수한 형질을 가진 사람은 더 많은 자손을 낳아야 하며 열등한 형질을 가진 사람은 자손을 남기지 못하게 해야 한다고 생각했고, 실제로 이를 위한 여러 법률을 만들기도 했다. 우생학은 신체 장애인이나 정신 장애인 등에 대한 차별을 합리화하는 근거가 되었다. 열등한 형질을 가진 사람들에 대한 혼인방지법이나 불임법 제정 등이 그 예이다. 제2차 세계대전 당시 나치의 홀로코스트가 보여 준 것처럼 우생학은 인종차별주의와 결합해 다른 인종을 학살한 근거가 되었다. 사회다윈주의와 우생학은 자연과학 지식이 사회와 잘못 결합될 때 어떤 결과를 낳을 수 있는지에 대한 역사적 교훈을 남겼다.

유럽인들은 오랫동안 한번 만들어진 생물은 변하지 않는다고 생각했다. 하지만 대항해 시대에 유럽에 새로운 생물들이 많이 유입되며 인식이 바뀌었다. 분류 체계에 맞지 않는 생물이 등장하고, 품종 개량으로 새로운 종이 생겨났으며, 화석이 다량 발견되면서 생물이 변화한다는 생각이 등장했다. 18세기 말에 지질학이 발달해 지구의 나이가 진화가 가능할 만큼 길다는 인식도 생겼다.

다윈 이전에도 뷔퐁이나 라마르크처럼 생물 진화의 가능성을 주장한 자연학자들은 여럿 있었다. 라마르크는 생물이 점차적으로 변화한다는 생물 변이설을 주장했다. 그는 생물이 자연의 사다리 위쪽으로 끊임없이 진보해 나가고, 환경의 압력으로 습성이 변화해 획득한 형질을 자손에게 전하면서 진화한다고 주장했다.

오늘날 주류 진화 이론으로 자리 잡고 있는 다윈 진화론의 핵심 개념은 적응과 자연 선택이다. 다양한 변이를 가진 개체들이 먹이를 두고 생존 경쟁을 하고, 이 중에서 자연에 가장 적응을 잘 하는 형질을 가진 개체가 살아남아 그 형질을 자손에게 물려주는 과정을 거쳐 진화가 일어난다. 다윈은 인위 선택으로부터 자연 선택 개념을, 그리고 맬서스의 《인구론》에서 생존 경쟁과 적자생존 개념을 도입해 자연 선택 이론을 정립했다. 그의 진화론은 1859년에 출판한 《종의 기원》에 잘 나타난다. 라마르크 진화론의 핵심이 '진화를 통한 진보'라면, 다윈 진화론의 핵심은 '분지를 통한 다양성의 증가'이다. 다윈에게 있어 진화는 우연적이고 유물론적이며 점진적으로 일어난다.

다윈의 시대에는 유전학이 확립되지 않았기 때문에 다윈의 자연 선택설을 수용하는 것이 쉽지만은 않았다. 20세기 초에 유전학이 발달하자 다윈의 진화론은 주류 진화 이론으로 자리 잡았다.

Chapter 5

끝없이 계속되는 질병과의 싸움

세균과 백신

관찰이라는 분야는 준비된 사람에게만 기회를 준다.

– 루이 파스퇴르 –

인류는 오랜 옛날부터 페스트, 콜레라, 말라리아, 결핵, 감기 등의 전염병과 맞닥뜨려야 했다. 사람들은 오랫동안 이런 질병이 다른 사람과의 접촉이나 공기 중의 어떤 물질 때문에 생긴다고 생각했다. 영어에서 전염병을 뜻하는 단어 'contagion'도 접촉을 의미하는 라틴어인 'contagio'에서 나왔다. 사람들의 목숨을 앗아가는 전염병은 공포의 대상이었다. 면역학은 이런 전염병을 정복하기 위해 생물체의 면역 체계를 연구한다.

면역력이란 세균이나 바이러스와 같은 병원체가 신체에 침입해도 질병이 생기지 않는 저항력을 의미한다. 면역에는 선천적인 면역과 후천적인 면역이 있다. 피부, 기관지 속 점액, 콧물, 눈물, 각종 소화 효소 등은 병원체의 침입을 막는 1차 방어막이다. 병원체가 1차 방어막을 뚫고 몸에 들어왔을 때, 백혈구가 세균을 제거하거나, 특정한 물질을 생성해 바이러스의 증식을 억제하는 것은 모두 선천적인 면역에 해당한다.

생물학자들은 선천적인 면역보다는 후천적인 면역에 더 큰 관심을 가지고 있다. 외부로부터 체내로 특이 단백질인 항원이 들어오면 이에 대해 항체가 만들어진다. 그러면 이후에 같은 항원이 다시 침입했을 때 항체가 더 빠른 속도로 생성되어 병이 발병하지 않도록 한다. 이 후천적 면역을 위해 접종하는 것이 백신이다.

과학자들은 질병의 원인을 찾아내고 면역력을 높이기 위한 연구를 계속해 왔다. 그 시작점에서 중요한 역할을 한 사람이 독일의 의사 코흐와 프랑스의 화학자 파스퇴르였다.

전염병의 원인을 다룬 전문 의학 자료는 기원전 5세기 이후에야 등장했다. 따라서 그 이전 시기에 질병을 어떻게 생각했는지는 문학 작품으로만 알 수 있다. 그리스의 시인 호메로스가 기원전 800년경에 쓴 《일리아드》의 시작 부분에는 역병의 원인을 신으로 보는 내용이 있다. 태양신 아폴론의 사제인 크리세스가 그리스 군대에 잡혀 있는 자신의 딸을 풀어 달라고 아가멤논에게 간청했지만, 오히려 아가멤논은 크리세스를 모독했다. 이에 분노한 아폴론은 아가멤논에게 경고하는 의미로 그리스인들에게 역병을 보냈다. 기원전 7세기경에 활동한 그리스의 시인 헤시오도스도 전염병을 신이 주는 것으로 묘사했다. 이처럼 기원전 7~8세기경의 그리스 문학 작품들에서는 전염병 발생의 이유를 신에게 돌렸다.

질병을 치료해 본래 상태를 회복하도록 하는 것 역시 신의 역할이었다. 고대 그리스에서는 의술의 신 아스클레피오스가 그 역할을 맡은 주인공이었다. 그리스인들은 기원전 6세기 말부터 아스클레피오스 신전을 짓기 시작했다. 그들이 신전을 지은 이유는 무엇이었을까?

기원전 431년, 고대 그리스에서는 아테네를 중심으로 모인 델로스 동맹과 스파르타를 중심으로 구축된 펠로폰네소스 동맹 사이에서 펠로폰네소스 전쟁이 일어났다. 아테네는 전쟁 중에 자신들을 포위하고 있던 적보다 더 무서운 적을 만났다. 바로 전염병이었다. 고열, 통증을 동반한 피부 발진과, 극심한 갈증을 유발하는 이 병은 아테네를 휩쓸었고, 아테네 전체 인구의 약 1/4인 6만 명이 사망했다고 한다. 아테네인들은 이를 해결하기 위해 아스클레피오스 신전을 건립하기로 결정했다. 고대 그리스인들

🔵 아스클레피오스 고대 그리스의 의술의 신이다. 그가 들고 있는 지팡이에 감긴 뱀은 지혜와 의술을 상징한다.

이 질병 치료를 갈망하며 수백 곳에 지어 놓은 아스클레피오스 신전은 지금도 곳곳에 남아 있다. 전하는 이야기에 따르면 신전에 머무는 동안 꿈에 아스클레피오스가 나타나 병을 치료해 주기도 했다고 한다.

기원전 4세기경이 되자 질병의 원인과 치료를 이해하는 새로운 방식이 나타났다. 이 새로운 방향을 제시한 사람은 히포크라테스였다. 병의 원인을 신의 개입이 아닌 자연적 원인으로 설명하고자 했던 히포크라테스의 생각은 《히포크라테스 전집》 중 〈신성한 질병에 관하여〉라는 글에 잘 드러나 있다. 이 글은 간질의 원인과 증상 및 치료법을 다룬 글이다. 간질이란 뇌 신경 세포가 불규칙하게 흥분하면서 뇌에 과도한 전기적 신호를 보내어 발작 등을 일으키는 신경 장애이다. 하지만 옛날에 간질은 신이 일으키는 질병으로 여겨졌다.

히포크라테스에 의하면, 간질을 신성화한 사람들은 주술가, 정화사, 떠

돌이 사제, 그리고 돌팔이이다. 주술사와 같은 이들은 뭔가를 많이 알고 있는 체하지만 사실은 간질 환자를 치료할 치료법을 잘 알지 못한다. 더구나 이들은 치료법을 모른다는 사실을 들키지 않으려고 신적인 요인을 끌어들인다. 히포크라테스는 그들이 환자가 건강해지면 성과를 자신에게 돌리고 환자가 죽으면 그 책임이 신들에게 있다는 핑곗거리를 찾기 위해 간질을 신성화한다고 생각했다.

히포크라테스는 간질이 일어나는 이유가 자연적인 데 있기 때문에 적절하게 조치하면 치료할 수 있다고 주장했다. 그는 간질이 유전되는 병이며, 체질상 점액이 우세한 점액질 사람에게 잘 생기고 담즙질 사람에게는 잘 나타나지 않는다고 생각했다. 찬 점액이 따뜻한 혈관으로 흘러가면 간질 증상이 나타난다는 것이다. 히포크라테스는 점액질 사람에게 간질이 잘 나타난다는 바로 그 사실이야말로 간질이 신에 의해 생기는 병이 아님을 보여 준다고 생각했다. 또한 그는 간질의 원인이 뇌에 있다고 주장했는데, 그 증거로 간질에 걸린 동물의 뇌에 나타난 변화를 제시했다. 이는 질병을 진단할 때 자세한 관찰을 중시했던 히포크라테스의 태도를 엿볼 수 있는 부분이다.

> 이 질병은 다른 질병들보다 전혀 더 신적인 것으로도 신성한 것으로도 내게는 보이지 않으며, 다른 질병들이 발생의 기원을 찾는 것과 같이 자연적 기원과 계기적 원인을 가진다. 그런데 사람들은 당황하고 놀라서 그것이 신적인 것이라고 생각했는데 이는 그것이 다른 질병들과 전혀 닮지 않았기 때문이다.
> ―히포크라테스,《히포크라테스 선집》(여인석·이기백 옮김, 91~92쪽)

이 질병이 다른 질병들보다 전혀 더 신적이지 않다는 또 다른 증거는 다음과 같다. 이 질병이 체질상 점액질의 사람에게 생기고 담즙성의 사람에게는 걸리지 않는다는 것이다. 그러나 이 질병이 다른 질병들보다 더 신적이라면 이 질병은 모든 사람에게 동일하게 생기고 점액질과 담즙질의 사람을 가리지 않아야 할 것이다.

–히포크라테스,《히포크라테스 선집》(여인석·이기백 옮김, 103쪽)

질병이 자연적인 원인으로 발생한다는 것은 병의 치료 또한 자연적인 방식으로 이루어져야 함을 의미했다. 의사는 치료를 위해 질병의 원인과 반대되는 조치를 취해야 한다. 히포크라테스에 따르면 질병은 몸을 구성하는 체액 사이의 균형이 깨졌을 때 일어나므로 치료란 체액의 균형을 회복시키는 과정이어야 했다. 질병의 원인과 치료 방법을 자연적인 것에서 찾음으로써 주술사나 사제로부터 의학을 분리시키려고 했던 당시 의사들의 노력을 엿볼 수 있다. 그렇다고 해서 히포크라테스와 동시대의 의사들이 완전히 자연적인 요소에서만 병의 원인을 찾았던 것은 아니었다. 이들은 자연적인 요소와 함께 신 또한 병의 원인으로 보았다.

신과 자연 모두에서 질병의 기원을 찾는 태도는 중세까지 지속되었다. 질병 중에서도 특히 역병은 자연적인 원인에 의해 발병하지만 동시에 신의 형벌로 여겨졌다. 따라서 질병의 치료를 위해서는 신의 의지와 기적, 의학적 방법이 모두 필요했다. 중세에는 질병 치료 그 자체가 하느님의 영광을 드높이는 하나의 방법이었기 때문이다.

○ 중세의 병원 15세기에 그려진 중세의 병원 모습이다. 이 시기에 의료 행위는 종교적 이상을 실천하는 방법이었다.

고대와 중세의 믿음, '나쁜 공기가 병을 일으킨다'

전염병이 자연적인 원인으로 생겨난다고 생각은 했지만 사람들은 도대체 무엇이 질병을 일으키는지 오랫동안 정확하게 알지 못했다. 전염병 중에서도 전염이 대규모로 빠르게 진행되어 수많은 사람을 죽이는 것을 역병이라고 한다. 역병은 사람이 많은 지역일수록 빨리 퍼지고 피해가 크다. 중세를 거치며 인구가 점점 증가하고 도시에 사람들이 밀집되자 역병 발병 횟수도 점점 늘어 갔다.

역사상 가장 유명한 역병은 바로 흑사병이라고도 불리는 페스트이다. 페스트는 중세 말인 1346년과 1350년 사이에 유럽과 아시아를 강타해 유럽에서만 약 2천만 명의 목숨을 앗아갔다. 이는 당시 유럽 인구의 약 1/4에 해당하는 숫자였다. 아시아에서는 얼마나 많은 사람들이 페스트로 죽었는지 집계조차 되지 못했다. 사람들은 집을 버리고 도시를 떠났고, 병든 가족은 방치되어 죽어 갔다.

오늘날 우리는 페스트의 원인이 무엇이며 어떤 경로로 전염되는지 알고 있다. 페스트의 원인은 페스트균으로 예르시니아 페스티스라고도 불린다. 페스트균은 열대쥐벼룩에 기생한다. 열대쥐벼룩이 쥐를 물면 일단 쥐가 페스트의 1차 피해자가 된다. 페스트에 감염된 쥐가 모두 죽어 쥐의 숫자가 줄어들면 쥐벼룩은 인간을 다음 표적으로 삼는다. 벼룩이 문 상처를 통해 벼룩의 피가 사람 몸에 흘러 들어가면 사람이 페스트에 감염되는 것이다.

페스트의 감염 경로는 1890년대에 들어서야 밝혀졌다. 페스트가 퍼지는 정확한 원인을 몰랐던 이전 시대의 사람들은 다른 데서 발병 원인을 찾았다. 행성 배열이 이상해지면서 생긴 기후 변화 때문에 페스트가 발생했다고 생각하기도 했고, 사제들의 타락으로 신이 벌을 내린 것이라고 믿기도 했으며, 혹은 그 책임을 이방인, 유대인, 마녀와 같은 사회적 약자들에게 돌리기도 했다.

질병의 원인을 모르니 적절한 치료법을 찾을 수 없는 것도 당연했다. 페스트가 사람 사이에서 전파된다는 사실을 안 중세인들은 전염 지역을 피해서 도망을 치거나, 환자를 격리하기도 했다. 하지만 이런 대처법은 흑사병이 물러갈 때까지 기다리는 것 이상의 의미를 갖지 못했다.

일례로 1665년 6월에 영국에서 흑사병이 발병했는데, 발발 6개월 만에

◐ 중세 의사의 모습 중세의 의사는 페스트 감염을 막기 위해 필터가 있는 새 부리 모양 마스크를 썼고, 나쁜 기운이 들어오지 않도록 온몸을 단단히 감쌌다. 또한 환자와 접촉하지 않으려고 지팡이를 들고 다녔다.

2만 명이나 되는 런던 시민이 죽었다. 그 어떤 조치도 치료 효과가 없었다. 겨울이 되자 폭우가 쏟아졌고, 흑사병의 기세는 폭우와 함께 누그러졌다. 다음 해인 1666년에 4일 동안 런던 중심부를 태워버린 런던 대화재가 일어나고서야 흑사병은 런던에서 자취를 감추었다. 그때까지 사람들은 손을 쓸 수 없었다. 이처럼 전염병이 돌 때 사람들이 할 수 있었던 일은 자연스럽게 잦아들기를 기다리는 것뿐이었다.

그렇다면 고대와 중세의 학자들은 전염병이 어떻게 확산된다고 생각했을까? 고대 그리스의 히포크라테스는 우리가 들이쉬는 공기 때문에 전염병이 퍼진다고 여겼다. 사체나 물이 고여 부패한 곳, 더러운 땅 등에서 나오는 공기 속 나쁜 기운 때문에 전염병이 옮는다고 생각했던 것이다. '미

🔵 지롤라모 프라카스토로 씨앗으로 병이 전염된
다는 감염설을 내세웠다.

아즈마(miasma)'라는 공기 속 해로운 성분을 통해 병이 감염된다고 보는
이 이론을 '장기설'이라고 부른다. 히포크라테스는 전염병이 퍼져 있을 때
는 나쁜 공기가 몸속으로 들어오지 못하게 질병이 일어난 지역을 피해 가
급적 거처를 옮기라고 권했다. 공기 속의 나쁜 기운이 병을 조장한다는 히
포크라테스의 이론은 아주 오랫동안 받아들여졌다.

르네상스 말기 이탈리아에서는 전염의 원인을 묻는 질문에 새로운 답
을 내놓은 사람이 등장했다. 바로 천재 화학자이자 의사인 지롤라모 프라
카스토로(Girolamo Fracastoro, 1478~1553)였다. 프라카스토로는 유명한 천
문학자인 코페르니쿠스와 파도바 대학교에서 함께 공부한 동문이기도 했
다. 19살에 파도바 대학교의 교수가 될 정도로 똑똑했던 프라카스토로는
전염병의 원인에 대한 답으로 '감염설'을 내놓았다.

프라카스토로는 씨앗(seed), 즉 눈에 보이지 않는 작은 입자 때문에 전염
병이 퍼진다고 주장했다. 프라카스토로에 따르면 이 씨앗은 사람이나 물

건에 의해 퍼진다. 씨앗에 직접적으로 접촉하거나, 씨앗의 매개물에 접촉하거나, 혹은 이 매개물에 감염되면 병이 전염된다. 그는 또 이 씨앗이 스스로 분열하고 번식하는 생명체이기 때문에 양이 줄지 않고 살아남아 여러 장소로 계속 전파되는 것이라고 생각했다.

프라카스토로의 이론은 일종의 세균 감염설이라고 볼 수 있다. 과학사학자들은 1546년에 발표된 프라카스토로의 이론을 전염의 본성에 관한 최초의 과학적 언급으로 보고 높이 평가한다. 하지만 당시에는 이 이론이 크게 인정받지 못했다. 당대에는 병의 전염이 공기 속의 나쁜 기운으로 진행된다는 생각이 여전히 보편적이었기 때문이다.

장기설은 19세기 초까지도 설득력 있는 이론으로 받아들여졌다. 장기설을 지지하는 강력한 사례들이 있었기 때문이다. 프랑스 식민지였던 아이티에 독립 운동이 일어나자 나폴레옹은 대규모 군대를 파병해 이를 진압하고자 했다. 하지만 황열병이라는 열대병은 무려 3만 3천여 명의 프랑스군을 죽음에 이르게 했다. 이를 계기로 프랑스 의사들 사이에서는 열대병 연구가 확산되었다. 1822년 바르셀로나에 황열병이 발병하자 프랑스는 전문가를 파견해 황열병 발생 요인을 조사 연구했다. 황열병 환자들끼리 서로 접촉하지 않았는데 병이 퍼져 나간 것을 알게 된 프랑스 의사들은 공기 중의 나쁜 성분 때문에 전염이 일어났다고 결론 내렸다. 감염설을 지지하는 증거들도 간혹 등장했지만, 장기설의 위상은 확고해 보였다.

병은 신체 외부에서 올까, 아니면 신체 내부에서 올까? 질병의 원인을 설명하는 이론에는 크게 2가지가 있다.

질병의 원인을 설명하는 첫 번째 이론은 질병의 근원이 외부에 있으며, 질병 자체가 실제로 존재한다는 '본체론적 질병 이론'이다. 질병 자체를 하나의 실체로 보는 입장이다. 질병이 세균으로 발생한다는 '세균설'이 그 대표적인 예이다.

또 다른 이론은 체질과 생리적 문제로 질병이 생긴다는 '생리학적 질병 이론'이다. 같은 병인이라도 사람들에 따라 다른 증상을 보이는 현상이 생리학적 질병 이론을 주장하는 근거가 되었다. 히포크라테스는 외부에서 해로운 공기 등이 들어왔을 때 어떤 사람은 병에 잘 걸리지만 어떤 사람은 아무렇지도 않은 이유가 사람에 따라 체질이 다르기 때문이라고 보았다.

생리학적 질병 이론은 히포크라테스 이래로 아주 오랫동안 받아들여졌다. 하지만 1880년대 들어서는 본체론적 질병 이론이 우위를 차지한다. 질병이 외부에서 인체에 들어오는 세균 때문에 생긴다는 세균설이 확립되었기 때문이었다. 세균설은 19세기 말에 2명의 과학자가 동시에 확립했다. 파스퇴르와 코흐가 바로 그들이다.

질병의 세균설을 확립한 과학자 중 하나인 루이 파스퇴르(Louis Pasteur, 1822~1895)는 프랑스의 화학자이다. 파스퇴르는 프랑스 동부의 돌이라는 작은 마을에서 가난한 가죽 가공업자의 아들로 태어났다. 그는 어렸을 때부터 그림 그리는 일에 두각을 보였지만, 학자가 되기로 결심하고 그림 그리기를 그만두었다고 한다. 파스퇴르는 1842년에 친 입학시험 성적이

◎ 루이 파스퇴르 평생 미생물을 연구하며 부패의 원인을 밝히고 백신을 개발했다.

마음에 들지 않아서 다음 해에 시험을 다시 보고 우수한 성적을 받고 나서야 파리 고등사범학교(École Normale Supérieure, 에콜 노르말 쉬페리외르)에 입학할 정도로 완벽함에 대한 신념을 가지고 있었다. 그는 파리 고등사범학교에서 유명한 화학자인 장 바티스트 앙드레 뒤마(Jean Baptiste André Dumas, 1800~1884)의 화학 강의를 듣고 화학자의 길을 걷기로 결심했다.

영국의 패러데이가 전자기 현상을 발견하고 몇 년 지나지 않은 1837년경에는 생물학 부문에서는 미생물에 관한 다양한 발견이 이루어졌다. 프랑스의 화학자 찰스 캉나르 드 라 투르(Charles Cagniard De La Tour, 1777~1859)는 맥주를 만들 때 보리를 알코올로 바꾸는 것이 효모라는 사실을 알아냈다. 같은 해 독일의 의사 테오도어 슈반(Theodor Schwann, 1810~1882)은 미생물이 들어갔을 때만 고기가 부패하는 것을 보고 부패의 원인이 빠르게 번식하는 미생물이라고 주장했다.

파스퇴르는 주석산의 결정 모양 연구로 과학계에서 인정받고, 이어 프랑스 북부에 있는 릴 대학교의 초빙 교수가 되었다. 그는 1854년에 포도주의 산패를 막아 달라는 한 양조상의 부탁을 받고 미생물의 세계에 발을 들여놓았다. 산패란 공기 중의 산소나 미생물 때문에 술이 산성으로 변해서 불쾌한 냄새가 나고 맛이 나빠지는 현상이다. 과학 이론을 연구하는 순수 과학과 과학을 실생활에 이용하는 응용과학이 상호 작용해야 한다고 믿었던 파스퇴르는 이 문제를 해결하기 위해 매달렸다.

파스퇴르는 현미경으로 포도주를 면밀하게 관찰한 결과 정상적인 포도주에는 둥근 공 모양의 효모만이 들어 있지만 산패된 포도주에는 막대기 모양의 균인 간균이 들어 있다는 것을 알아냈다. 이 간균은 유산간균이었다. 그렇다면 유산간균이 자라지 못하도록만 하면 산패 문제는 해결될 것이었다. 숙성된 포도주를 50~60℃의 저온에서 열처리하면 미생물이 줄어든다는 사실을 발견한 파스퇴르는 바로 이 저온살균법을 이용해 유산간균을 제거할 수 있었다. 파스퇴르 살균법으로도 알려져 있는 저온살균법은 이후 우유, 식초, 맥주 등 부패하기 쉬운 여러 음식물에 적용되었다. 과학적 탐구에서 시작해 상업적 응용으로 이어진 이러한 연구 방식은 파스퇴르 연구의 특징이 되었다.

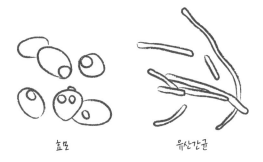

효모   유산간균

이전까지 많은 화학자들은 효모가 생명체가 아니라 하나의 복잡한 화학 물질이며, 포도당이 알코올로 전환하는 과정에서 촉매 역할을 한다고 여겼다. 하지만 파스퇴르는 효모가 출아를 통해 증식하는 모습을 관찰하면서 효모는 살아 있는 생물체이며, 알코올 발효는 화학적인 작용이 아니라 생물학적인 과정이라고 믿기 시작했다. 효모와 같은 미생물들이 유기물을 섭취해 물질대사를 하고 남은 산물이 알코올이라는 생각이 싹튼 것이다.

1857년에 파리 고등사범학교의 과학 연구 책임자가 된 파스퇴르는 열악한 연구 환경 속에서도 미생물에 관한 연구를 지속해 나갔다. 만약 알코올 발효나 포도주의 산패를 일으키는 원인이 미생물이라면 그 미생물은 도대체 어디에서 나타난 것일까?

당시까지 미생물의 기원에 관해서는 크게 2가지 이론이 서로 대립하고 있었다. 하나는 자연 발생설이라고 불렀던 이론이다. 자연 발생설은 생물이 아무것도 없는 상태에서 자연스럽게 생겨난다는 이론이다. 자연 발생설 지지자들은 유기체가 죽으면서 생긴 물질이 발효나 부패하면 미생물이 저절로 생겨난다고 믿었다. 이에 반해 자연 발생설에 반대하는 학자들은 모든 미생물은 살아 있는 미생물로부터만 생겨난다고 주장했다. 자연 발생설을 찬성하는 과학자들과 반대하는 과학자들은 자신들 나름대로의 실험적 증거를 바탕으로 팽팽하게 맞서고 있었다.

파스퇴르는 자연 발생설에 비판적인 입장이었다. 그는 자연 발생설에 반박하기 위해 많은 실험을 실시했는데, 그중 가장 유명한 것이 바로 백조목 플라스크 실험이다. 파스퇴르는 영양가가 풍부한 액체 수프를 목이 긴 플라스크 속에 넣고, 플라스크의 목을 가열한 뒤에 잡아 늘여서 백조의 목처럼 구부렸다. 그런 다음 플라스크에 담긴 수프를 끓여서 수증기가 맹렬하게 발생하도록 했다. 가열을 멈추면 바깥 공기가 세차게 플라스크 안으로 들어오다가 응축되어 백조 목의 구부러진 곳에 고이게 된다. 공기는 플라스크 안과 밖을 자유롭게 드나들 수 있지만 공기 속에 들어 있는 먼지나 미생물들은 고인 물에 붙잡히고 만다. 이렇게 멸균 상태를 유지한 백조 목 플라스크의 수프는 1개월 이상을 놓아두어도 부패하지 않았다.

파스퇴르는 바깥에서 들어온 미생물이 부패의 원인임을 더 명확히 보여주기 위해 플라스크의 목 부분을 없애 보았다. 그러자 수프는 곧 부패했고, 그 속에 많은 미생물들이 사는 것을 관찰할 수 있었다. 파스퇴르는 공기 속의 포자와 플라스크 속에서 발견되는 미생물이 같은 종류임을 보임으로써 부패의 원인이 외부로부터 유입되었음을 증명했다.

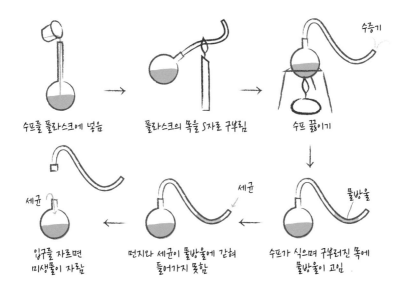

일련의 실험을 통해 파스퇴르는 발효나 부패가 미생물에 의한 생물학적 작용이라는 것을 밝혔다. 또한 미생물들이 생명이 없는 유기물에서 스스로 생겨나는 것이 아니라 외부에서 유입된다는 사실까지 보였다. 파스퇴르는 자연 발생설을 폐기하는 데 크게 공헌했다.

> 미생물이 포자 없이, 자신과 비슷한 부모 없이 발생하여 왔다고 억지 주장을 하는 사람은 오늘날에는 단 한 사람도 없습니다. 자연 발생설을 끝까지 고집하는 사람들은 환상에 의해서 농락당하고, 찾아 내지 못했거나 피할 수 없는 잘못 때문에 엉망이 되어 버린 서툰 실험에 의해서 농락당하고 있는 것입니다.
> −루이 파스퇴르, 《자연 발생설 비판》(김학현 옮김, 172쪽)

미생물이 발효와 부패의 원인이라는 파스퇴르의 생각은 미생물이 전염병의 원인이라는 믿음으로 이어졌다. 이 생각은 한 의사의 의료 방식을 완전히 바꾸어 놓는 결과를 낳았다. 질병 치료법을 새롭게 개선한 그 의사는 바로 영국의 조지프 리스터(Joseph Lister, 1827~1912)였다.

리스터는 런던에 있는 대학교인 유니버시티 칼리지 런던에서 외과의로 근무하는 중에 무균 수술법을 확립함으로써 수술 중에 죽는 사망자 수를 급격히 감소시켰다. 리스터는 발효와 부패의 원인이 미생물이라면, 상처의 고름도 미생물 때문에 생길 것이라고 추측했다. 그는 미생물 감염을 막기 위해 손, 수술 도구, 수술실 공기 모두를 소독해야 한다고 주장했다. 리스터는 공기 속에 떠다니는 미생물을 없애야 상처 부위의 부패를 막을 수 있다는 생각으로, 수술이 진행되는 동안 절개 부위에 페놀 증기를 지속적

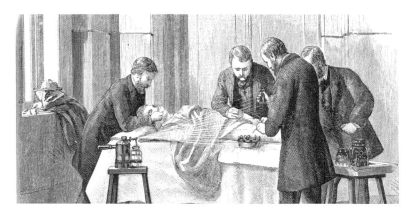

◎ 조지프 리스터 수술 중에 환부에 증기를 쐬어 세균 감염을 막는 무균 수술법을 확립했다.

으로 뿜어내는 장치를 고안했다. 후에 리스터는 자신에게 무균 수술 아이
디어를 제공한 파스퇴르에게 고마움을 표현하기도 했다.

파스퇴르는 우연한 계기로 세균 연구를 시작하게 되었다. 1865년의 어
느 날, 파스퇴르는 자신의 스승이었던 뒤마에게서 프랑스 농업부 주관 조
사위원회의 회장이 되어서 당시 프랑스 남부의 양잠업을 붕괴시키던 누
에의 전염병을 조사해 달라는 요청을 받았다. 누에에 대해 전혀 알지 못했
던 파스퇴르였지만 그는 이 요청을 받아들였다. 파스퇴르는 누에의 전염
병 연구가 발효 연구와 연결될 수 있을 것이라고 생각했다. 이 연구는 5년
동안이나 이어졌다. 파스퇴르는 연구를 진행하던 와중에 두 딸과 아버지
를 떠나보냈지만, 슬픔 속에서도 연구를 이어갔다. 그의 연구팀은 마침내
1867년에 누에 전염병의 비밀을 밝혀냈다. 바로 누에의 전염병에는 두 종
류가 있다는 것이었다.

하나는 노제마병으로, 누에 미포자충이라는 미립자에 의해 나방 성충

에게 전염되는 병이다. 이 나방이 낳은 알에서 자란 누에에 누에 미포자충이 퍼지면, 누에의 몸에는 검고 작은 반점이 생긴다. 파스퇴르는 노제마병이 유전성을 가지기 때문에 이 병에 걸린 나방은 즉시 폐기해야 한다고 주장했다.

파스퇴르 연구팀이 발견한 두 번째 전염병은 무름병이었다. 무름병에 걸린 누에의 위에서 세균이 들끓는 것을 관찰한 연구팀은 위에 세균이 가득 찬 누에를 폐기하면 전염을 막을 수 있다고 결론 내렸다.

파스퇴르는 양잠업자들에게 세포 알 생성법(cellular egg production)을 도입할 것을 권했다. 나방들이 각각 분리된 공간에서 알을 낳도록 한 뒤, 암컷 나방을 관찰해 몸에 미립자가 발견되면 그 나방이 낳은 알을 모두 폐기하고, 미립자가 발견되지 않은 경우에만 번식을 개시하는 방식이다. 파스퇴르는 나방과 누에가 전염병에 걸리지 않도록 번식실을 깨끗이 할 것을 권고했다. 파스퇴르 연구팀은 누에 전염병의 치료법을 찾지는 못했지만, 원인을 밝히고 방지 방법을 제시해 양잠업의 환경을 획기적으로 변화시켰다.

코흐, 막대 모양 세균과 탄저병의 관계를 밝혀내다

1871년에 교수직에서 사퇴하고 고등사범학교의 연구소 소장이 된 파스퇴르는 1877년부터 탄저병이라는 전염병을 연구하기 시작했다. 탄저병은 탄저균의 포자에 의해 발생하는 전염병으로 유럽의 농촌에 흔하게 나타났다. 소, 양, 염소, 말 등의 초식동물이 주로 걸리지만, 탄저균에 감염된 동물과 접촉한 인간에게 나타나기도 했다. 초식동물이 탄저균에 감염되

❍ 로베르트 하인리히 헤르만 코흐 현대 세균학의 창시자로 불리는 코흐는 탄저균, 결핵균, 콜레라균을 발견했다.

면 피부가 검게 썩어 들어가고 결국 패혈증으로 검게 변한 피를 토하며 죽는다. 사람에게 감염되면 심한 부스럼과 함께 폐렴을 유발해 사망에 이르기도 했다. 탄저병은 한번 발병한 곳에서 반복적으로 발병했기 때문에 사람들은 주변의 나쁜 공기가 그 원인이라고 생각하고 있었다.

파스퇴르가 탄저병을 연구하기 시작했을 때, 독일 제국의 젊은 내과 의사 로베르트 하인리히 헤르만 코흐(Robert Heinrich Hermann Koch, 1843~1910)는 탄저병의 원인 연구를 거의 끝낸 상태였다. 독일 클라우스탈에서 광산 기사의 아들로 태어난 코흐는 어려서부터 과학과 수학에 뛰어난 재능을 보였다. 괴팅겐 대학교에서 의학을 공부한 후 조용한 시골 마을의 개업의로 살아가던 코흐를 미생물이라는 미지의 세계로 이끌었던 것은 아내가 그의 무료함을 달래 주기 위해 선물한 현미경이었다. 코흐는 자신의 진료소 한켠에 실험실을 꾸미고 현미경을 들여다보는 데 점점 더 많은 시간을 보냈다.

진료 활동 중간에 생기는 빈 시간에 탄저병으로 죽은 소의 혈액을 현미경으로 관찰하던 코흐는 혈구 사이사이에서 막대기처럼 생긴 물체를 발견했다. 어떤 막대기들은 길이가 짧았고, 어떤 것들은 수없이 많은 짧은 막대기들이 연속적으로 이어져 가늘고 긴 실처럼 보였다. 이 막대기는 이미 다른 학자들도 관찰한 것들이었기에 그 존재 자체는 새삼스러운 발견이 아니었다. 다만 코흐는 이 실과 막대기가 탄저병의 진짜 원인이라는 점을 증명해 보려고 했다는 것이 달랐다. 코흐는 점차 진료를 줄이고 더 많은 시간을 혈액 관찰에 쏟았다.

코흐는 실과 막대기가 탄저병의 직접적 원인이며 자가 증식을 한다는 것을 밝히기 위해 실험을 고안했다. 코흐는 먼저 육류 도매업자를 통해 건강한 혈액을 구했다. 건강한 혈액에는 실과 막대 모양의 물체를 전혀 발견할 수 없었다. 코흐는 나무의 가시를 깨끗하게 세척한 후 오븐에 넣고 가열했다. 이렇게 살균 처리한 가시를 탄저병으로 죽은 양의 혈액 속에 살짝 담갔다가, 건강한 흰쥐의 꼬리 안쪽으로 밀어 넣었다. 다음 날 코흐가 흰쥐를 보러 갔을 때 흰쥐는 탄저병으로 죽어 있었고, 흰쥐의 조직에서는 탄저병으로 죽은 양과 똑같은 모양의 실과 막대가 발견되었다. 이것은 막대 모양의 균, 즉 간균이 쥐의 혈액으로 들어가 24시간 동안 엄청난 양으로 증식했다는 것을 의미했다.

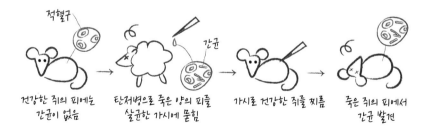

건강한 쥐의 피에는 간균이 없음 → 탄저병으로 죽은 양의 피를 살균한 가시에 묻힘 → 가시로 건강한 쥐를 찌름 → 죽은 쥐의 피에서 간균 발견

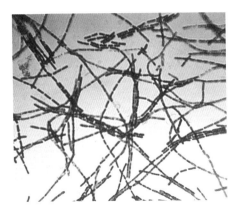

◉ 탄저균 탄저균은 막대 모양의 간균으로, 자라나면 실처럼 길어진다.

코흐는 실과 막대가 자라나는 과정을 생체 밖에서 직접 관찰하고 싶었다. 그래야 막대가 자라서 실 모양이 된다는 사실을 명확하게 증명할 수 있다고 생각했다. 고뇌의 나날을 보내던 코흐는 마침내 방법을 찾아냈다.

그는 먼저 철저하게 가열한 평평한 슬라이드 글라스에 건강한 토끼의 혈청을 1방울 떨어뜨린 다음, 탄저병에 걸린 쥐의 비장 조각을 집어넣었다. 다음으로 가운데를 우물 모양으로 둥글게 파낸 홀 슬라이드 글라스를 위에 엎어 두 글라스를 밀봉해 붙였다. 코흐가 밀봉한 기구를 뒤집자 혈청 방울이 평평한 슬라이드 글라스에 매달리면서 외부와 완벽하게 차단된 표본 프레파라트가 만들어졌다.

코흐는 현미경으로 프레파라트를 끈기 있게 관찰했다. 마침내 그는 표류하던 탄저병 간균들이 점점 실 모양으로 자라나더니 나중에는 그물처럼 엉킨 실뭉치로 변하는 것을 볼 수 있었다. 탄저병의 원인균을 체외에서 배양하는 데 성공한 것이었다.

코흐는 여기에서 멈추지 않았다. 그는 간균을 조금 묻혀 다시 깨끗한 토끼 혈청에 집어넣어 새로운 간균을 배양하고, 새롭게 자라난 간균의 소량을 다시 새로운 혈청에 집어넣어 배양하기를 반복했다. 코흐는 이러한 방식으로 간균을 8세대까지 길렀다. 코흐가 8세대째의 간균을 소량 취해 건강한 쥐의 몸에 주입하자 쥐는 죽었고, 죽은 쥐의 비장에는 첫 세대의 간균과 같은 모양의 간균이 자라고 있었다. 이 간균을 토끼나 양에게 주입했을 때도 결과는 이들 동물들의 죽음으로 나타났다.

코흐는 마침내 탄저균이라는 막대 모양의 특정한 미생물이 탄저병이라는 특정 질병의 원인임을 증명해 낸 것이었다. 즉, 탄저병의 원인이 탄저균임을 알아냈다. 이 연구 성취는 파스퇴르보다도 빨랐다.

코흐는 탄저균이 어떻게 건강한 동물들에게로 전염되는지도 알아내고 싶었다. 코흐가 실험실에서 기른 간균들은 오래 살지 못했다. 하지만 어떤 지역에서는 탄저병이 매년 반복적으로 발병하고 있었다. 이런 현상은 작은 막대 모양의 탄저균이 벌판이나 들에서 추운 겨울 동안 살아남아 다시 탄저병을 유발한다는 것을 의미했다. 이것이 어떻게 가능할까?

고심하던 코흐는 어느 날 따뜻한 곳에서 24시간 보관한 간균이 타원형의 구슬 모양으로 변해 실을 따라 배열된 것을 발견했다. 코흐는 이 구슬을 건조시켜 1달 동안 보관한 다음, 그 위에 혈청을 1방울 떨어뜨려 보았다. 그러자 구슬이 다시 막대 모양의 탄저균으로 돌아가는 것이었다. 코흐는 타원형의 구슬이 포자라고 추측했다.

막대 모양의 탄저균은 금방 죽지만 탄저균이 포자로 변하면 추위와 건조함을 견딜 수 있고, 바로 그렇기 때문에 들에서 매년 살아남아 같은 장소에서 탄저병을 반복적으로 일으키는 것이었다. 거듭되는 실험을 통해

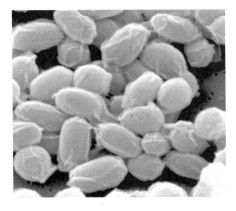

🔵 탄저균 포자 동물이 죽으면 탄저균은
동그란 포자로 변해 오랜 시간을 버틴다.

코흐는 탄저균은 동물들이 살아 있을 때는 막대 모양으로 있다가 동물이
죽은 다음에는 포자가 되며, 기온이 따뜻해지면 다시 활동한다는 사실을
알아냈다.

그렇다면 탄저병을 막을 수 있는 방법은 명확했다. 동물이 탄저병으로
죽자마자 태워 버리거나 차가운 땅속 깊은 곳에 묻어서 간균이 번식하지
못하게 만드는 것이었다. 1876년 코흐는 마침내 여러 해 동안 계속해 온
노력의 결과를 세상에 발표했다.

코흐의 실험은 천재적이었고 과학적이었지만 비판에서 자유로울 수는
없었다. 그는 탄저균을 배양했던 혈청에 이미 탄저균의 원인 물질이 들어
있었을지도 모르지 않느냐는 비판을 받았다.

이 소식을 들은 파스퇴르는 탄저균이 탄저병의 유일한 원인이라는 사실
을 증명하기 위해 좀 더 정교한 실험을 고안했다. 그는 탄저병에 걸린 동물
의 피 1방울을 살균된 소변 50cm³에 첨가해 간균을 배양하고, 다시 이 배
양액 1방울을 살균된 소변 50cm³에 첨가하기를 100번이나 반복했다. 그

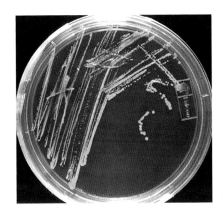

○ 세균 배양 한천 배지를 이용해 세균을 길러낸 모습이다. 세균 군집이 노란색 점과 선을 그리고 있다.

는 그래도 동물이 탄저병으로 죽는다는 것을 보임으로써 탄저병의 유일한 원인이 탄저균이라는 사실을 확실하게 증명했다. 그리고 1877년 4월, 질병의 원인이 세균이라는 질병의 세균설을 주장했다.

　코흐는 계속해서 세균 연구에 매진했고, 혁신적인 연구 방법들을 개발해 냈다. 그는 세균을 염색하는 방법을 개발해 세균을 좀 더 선명하게 관찰할 수 있었고, 세균을 촬영하는 방법까지 익혔다. 또 한 종류의 세균만을 순수 배양 하는 방법도 알아냈다. 어느 날 코흐는 우연히 삶은 감자의 자른 면에 여러 색의 점들이 생겨난 것을 발견했는데, 각 색깔의 점 속에는 1가지 종류의 세균만이 자라고 있었다. 혈청과 같은 액체 배양액에서는 미생물이 서로 뒤섞이지만 감자의 단단한 표면에서는 균이 서로 섞이지 않고 순수한 군집(colony)을 형성한다는 사실을 발견한 것이다. 이처럼 코흐는 최초로 미생물을 순수 배양할 수 있는 방법을 알아냈다. 이후 세균학자들은 순수 배양에 감자 대신 한천을 사용하게 되었는데, 배지를 이용하는 이 세균 배양법은 오늘날에도 이용되고 있다.

이어서 코흐는 자신에게 1905년의 노벨 생리의학상을 안겨 줄 세균을 추적하기 시작했다. 바로 결핵의 원인균이었다. 당시 유럽과 미국 전역에서 전체 사망자의 1/7이 결핵으로 죽었을 정도로 결핵은 악명 높은 전염병이었다. 코흐는 결핵으로 사망한 노동자의 내장 기관을 덮고 있던 노란 좁쌀 모양의 결절을 재료로 연구를 시작했다. 코흐는 결절을 잘 갈아 주사기에 넣은 다음, 여러 마리의 토끼와 기니피그의 피부에 주사했다. 얼마 뒤 노란 결절 조직을 주사했던 토끼와 기니피그들이 죽기 시작했다. 코흐는 죽은 동물들의 몸속에서 죽은 노동자 폐 조직에서 발견된 것과 같은 막대 모양의 간균을 발견할 수 있었다.

하지만 코흐가 결핵균의 정체에 대해 확신을 가지기 위해서는 더 확실한 실험적 증거가 필요했다. 코흐는 결핵에 걸린 기니피그에게서 결핵균을 분리해 수개월 동안 체외에서 배양한 다음, 이를 다시 동물들의 몸에 주입해서 동물들이 결핵에 걸린다는 것을 확인해야 한다고 믿었다. 결핵균이 살아 있는 동물의 몸속에서만 자란다는 사실을 알아낸 코흐는 혈장으로 만든 젤리를 이용해 간균을 순수 배양 하는 데 성공했다. 코흐는 이 순수 배양한 간균이 주사뿐만 아니라 공기 감염을 통해서도 전염된다는 실험까지 하고서야 자신이 결핵균을 발견했음을 공표했다. 1882년 5월 베를린에서 열린 생리학회 모임에서 코흐가 발표한 내용은 순식간에 전 세계로 퍼져나갔고, 코흐는 일약 유명인사가 되었다.

코흐가 바로 이어서 1883년에 콜레라균을 발견하자 병의 원인균을 발견하려는 경주에서 코흐가 완벽한 승리를 거두는 것처럼 보였다. 코흐는 탄저균, 결핵균, 콜레라균을 발견했고, 특정 세균이 특정 전염병의 원인이

◑ 현미경을 들여다보는 코흐 **코흐**는 질병의 원인균
을 발견하는 원칙인 '코흐의 공리'를 세웠다.

라는 것을 보여 주었다. 코흐가 1884년에 제안한 '코흐의 공리'는 질병의
원인균을 발견하는 기본 원칙이 되었다. 하지만 코흐의 발견과 원칙은 질
병 치료 방법을 찾기 위한 긴 여정의 출발점에 불과했다.

1. 그 병을 앓고 있는 생명체에 그 미생물이 존재해야 한다.

2. 그 미생물은 분리되어 배지에서 순수 배양 되어야 한다.

3. 순수 배양한 미생물을 생물체에 접종했을 때 1번 생명체와 동일한 질병
이 발생해야 한다.

4. 발병된 부위에서 접종에 사용했던 미생물과 동일한 성질을 가진 미생물
이 다시 분리되어야 한다.

−코흐의 공리

◎ 에드워드 제너 우두를 이용해 천연두를 예방하는 백신 예방 접종을 실시했다.

파스퇴르가 전염병을 막는 백신을 개발하다

전염병의 원인이 세균임이 밝혀지고 여러 세균의 실체가 드러나자, 인체가 세균에 대해 저항성, 즉 면역을 갖게 할 방법을 찾는 연구가 부상했다. 과학자들과 의사들은 면역을 위한 방법을 찾기 시작했다.

면역의 원리가 처음 적용된 병은 천연두였다. 천연두는 바이러스에 의한 급성 전염병으로 치사율이 20%에 이르는 무서운 병이었다. 영국의 의사였던 에드워드 제너(Edward Jenner, 1749~1823)는 대학을 졸업한 후 자신의 고향 마을에서 의원으로 일했다. 그는 소젖을 짜는 농민들은 천연두에 걸리지 않는다는 사실을 알았다. 소의 급성 전염병인 우두를 보면, 증상은 천연두와 비슷하지만 그 정도는 훨씬 가볍다. 이 사실을 발견한 제너는 사람에게 우두를 미리 접종해 천연두를 예방해 보고자 했고, 이는 효과가 있었다. 이 면역법을 백신 예방 접종이라고 불렀는데, 백신이라는 말은 소를 뜻하는 라틴어 바카(vacca)에서 유래한 말이다. 하지만 제너는 우두가 어떻게 천연두를 예방할 수 있었는지 그 원리는 알지 못했다.

면역의 원리를 처음으로 알아낸 과학자는 파스퇴르였다. 어느덧 50대 중반에 접어든 파스퇴르는 코흐의 미생물 연구가 자신을 앞섰다는 것을 알았고, 서둘러 세균으로부터 생명을 구할 방법을 찾기 위한 여정에 나섰다. 그의 연구팀에는 피에르 폴 에밀 루(Pierre Paul Emile Roux, 1853~1933)나 샤를 샹베를랑(Charles Chamberland, 1851~1908)과 같은 유능한 젊은 의사들이 참여했다. 이들은 파스퇴르의 조수이자 동료로서 때로는 창의적으로, 때로는 헌신적으로 연구를 함께했다.

백신을 찾기 위한 파스퇴르의 여정은 콜레라균 연구에서부터 시작되었다. 1880년, 파스퇴르와 그의 연구팀은 닭고기로 만든 배지에서 오랜 기간 배양해 독성이 약화된 콜레라균을 닭에게 주사해 보았다. 미세하게 콜레라 감염 증상을 보이던 닭들은 며칠이 지나자 건강을 회복했다. 이번에는 독성이 있는 콜레라균을 같은 닭들에게 주사했더니 콜레라 증상이 나타나지 않았다. 닭들에게 콜레라균에 대한 면역이 생긴 것이었다. 미생물이 미생물 자신과 싸우도록 하는 것, 그것이 바로 면역의 원리였다.

약한 콜레라균   독성 콜레라균

건강한 닭   미약한 콜레라 증상   건강해진 닭   콜레라 증상 없음

◉ 푸이 르 포르의 파스퇴르 동물들에게 탄저균 백신을 놓고 있는 파스퇴르 연구팀의 모습이다.

다음 해, 58세가 된 파스퇴르는 탄저병 예방 백신 개발에 도전해 성공했다. 파스퇴르는 탄저병 예방 백신을 만들었다고 떠들썩하게 자랑하고 다녔고, 그를 못마땅하게 여긴 한 수의사가 파스퇴르에게 대규모 공개 실험을 제안했다. 공개 실험은 수의사의 농장이 있는 푸이 르 포르에서 실시되었다.

1881년 5월 5일에 파스퇴르는 양 24마리, 젖소 6마리, 양 1마리에게 탄저병 백신을 주사했다. 그리고 2주 후에 1번 더 백신 주사를 놓았다. 5월 31일, 백신을 접종했던 동물과 그렇지 않은 동물은 모두 똑같이 탄저균 주사를 맞았다. 150명이 넘는 군중이 지켜보는 가운데 행해진 이 실험은 파스퇴르의 승리로 끝났다. 백신을 주사 맞은 동물들은 모두 살아남았지만, 백신을 주사 맞지 않은 동물들은 모두 죽고 말았던 것이다.

그의 성공은 전 세계의 신문사로 전해졌고, 1년도 되지 않아 수십만 마리의 동물들이 탄저병 백신 주사를 맞았다. 파스퇴르는 탄저병 백신을 자신이 직접 개발하지 않고 그의 연구원이 만들었다는 점, 그의 백신에는 순수한 탄저균만이 아니라 여러 다른 균도 포함되어 있었다는 점으로 비판받기도 했다. 하지만 파스퇴르는 이미 푸이 르 포르에서의 실험으로 과학자로서 최고의 명성을 얻고 있었다.

파스퇴르의 푸이 르 포르 실험이 있고 나서 다음 해인 1882년에 코흐는 결핵균을 찾아냄으로써 미생물 연구의 주도권을 잡았고, 1883년에는 파스퇴르의 연구팀보다도 먼저 콜레라균을 찾아냈다. 코흐에게 선수를 빼앗긴 파스퇴르는 이번에는 광견병 연구에 집중하기 시작했다.

당시에 콜레라나 결핵에 비하면 광견병으로 사망하는 사람의 수는 극히 적었다. 하지만 광견병은 감염자가 급성 뇌 질환을 일으키면서 사망에 이르게 하는 치명적인 전염병이었다. 또 광견병은 세균으로 전염되는 콜레라나 탄저병과는 달리 바이러스로 전염된다. 오늘날에 비해 성능이 좋지 않았던 당시의 현미경으로는 광견병 바이러스의 실체를 볼 수도 없었고, 실험실에서 배양할 수도 없었다.

광견병 바이러스가 뇌와 척수에서만 증식한다는 것을 알아낸 파스퇴르 연구팀은 광견병에 걸려 죽은 개의 뇌를 갈아서 주사액을 만들었다. 그다음 이 주사액을 건강한 개의 두개골에 낸 구멍을 통해 뇌에 직접 주사함으로써 광견병 감염 경로를 확인했다. 하지만 이런 연구보다 더 중요한 것은 백신을 만들어 내는 일이었다.

3년 정도의 연구 끝에 마침내 파스퇴르 연구팀은 광견병 바이러스를 약하게 만드는 방법을 알아냈다. 광견병으로 죽은 토끼의 척수를 잘라 낸 다

음, 무균 상태의 병에 넣어 14일간 말리니 독성이 거의 없어졌던 것이다. 이 방법은 파스퇴르 연구팀의 연구원이었던 루가 먼저 생각해 낸 것을 파스퇴르가 따라 했다고 알려져 있다.

연구팀은 14일간 말려서 독성이 거의 없는 백신 A, 13일간 말려서 독성이 좀 더 남아있는 백신 B, 12일간 말려서 독성이 좀 더 강력한 백신 C를 만들었다. 연구팀은 마지막으로는 하루만 말려서 독성이 거의 그대로 남아있는 백신 D를 준비했다. 그렇게 14개의 백신을 준비한 다음, 개에게 실험 첫날은 A를, 둘째 날은 B를, 셋째 날은 C를, 그리고 마지막 날에는 D를 차례로 주사해 보았다. 그러자 개는 전혀 광견병에 걸리지 않았다.

하지만 이런 복잡한 면역 방법을 당시 프랑스에 살고 있는 모든 개에 적용할 수는 없었다. 고심하던 파스퇴르에게 좋은 생각이 떠올랐다. 광견병은 다른 전염병과는 달리 몸속에서 전이되는 속도가 느리다. 따라서 백신을 모든 개들에게 주사할 것이 아니라 광견병에 걸린 사람에게 주사하면 될 것이었다. 광견병에 걸린 사람에게 백신의 독성을 점차 강화시키며 주사해 나가면 광견병의 발병을 피해 살아남을 수 있을 것이라고 생각했던 것이다. 이 방법에서는 백신을 주사하는 시기가 아주 중요했다. 1885년 5월과 6월, 두 사람이 파스퇴르에게 광견병 백신 주사를 맞고도 사망했다. 이들은 광견병이 지나치게 전이된 이후에 접종을 받았기 때문에 면역 효과를 볼 수 없었다.

광견병 백신이 효과가 있음을 증명한 결정적 실험은 1885년 7월에 진행되었다. 알자스 지방에 살던 마이스터 부인이 파스퇴르의 실험실에 찾아온 것이다. 부인은 파스퇴르를 찾아와 이틀 전 미친개에게 팔과 다리를 14곳이나 물린 9살 아들 조제프를 살려달라고 간청했다. 그날로부터 2주일에 걸쳐서 조제프는 백신 주사를 맞았고, 건강하게 고향 마을로 돌아갔다. 이후에도 파스퇴르가 광견병에 걸린 미친개에게 물린 사람들을 기적적으로 구해 내자 파스퇴르의 명성은 높아져만 갔다.

1888년 11월, 파스퇴르 연구소가 문을 열었다. 자신의 실험실로 광견병 환자들이 몰려오자 파스퇴르는 광견병 치료, 전염병 연구 등을 위한 종합 연구소 설립을 제안했다. 이 소식에 세계 각지로부터 엄청난 기부금이 쏟아져 들어왔다. 파스퇴르 연구소는 오늘날까지도 질병을 물리칠 방법을 계속 연구하고 있다.

◎ 파스퇴르 연구소 파리에 있는 파스퇴르 연구소는 10명의 노벨상 수상자를 배출했다.

앞으로도 계속될 미생물들과의 전쟁

코흐는 탄저균, 결핵균, 콜레라균을 찾아냈고, 이 세균들이 질병의 원인임을 밝혔다. 동시대인인 파스퇴르는 콜레라, 탄저병, 광견병 발병을 막을 수 있는 백신을 개발함으로써 많은 사람들을 전염병으로부터 구해 낼 수 있었다. 이어서 여러 의사들과 생물학자들이 디프테리아, 페스트, 장티푸스와 같은 전염병의 원인균과 치료법, 예방 백신을 만들었다. 이후 20세기 초에는 항생제가 만들어져 체내·외의 세균 증식을 막을 수도 있게 되었다. 백신과 항생제를 개발했으니 그 이후로 인류는 병으로부터 자유로워졌을까?

병원균이 항생제에 대한 내성을 가지게 되면 사람들은 더 강력한 항생제를 만들어 사용해야 한다. 그러면 다시 그에 대한 내성이 생긴 병원균이 등장하게 된다. 이 과정이 반복되면 결국 어떠한 항생제에도 저항할 수 있는 세균이 생겨난다. 바로 슈퍼 박테리아이다.

후천성 면역 결핍증, 즉 에이즈(AIDS)를 일으키는 인간면역결핍 바이러스(HIV)는 우리 몸의 면역 기능을 약화시킨다. 하지만 아직 에이즈 백신은 만들어지지 못하고 있다. HIV가 표면 단백질의 구조를 계속 바꾸어서 우리 몸의 면역 체계가 작동할 수 없게 만들기 때문이다.

이처럼 인류는 아직도 세균, 바이러스와의 전쟁을 계속하고 있다. 인류가 질병의 원인과 그 치료법을 찾아냈다고 믿은 지 100년이 넘게 지났다. 그 덕분에 인류는 세계 곳곳을 전염병에 걸릴 걱정 없이 누비고 다니게 되었다. 하지만 점점 더 강해지고 새로워지는 미생물들과의 전쟁은 언제까지고 계속될 것이다.

항생제는 세균이 성장하지 못하게 하거나 세균을 직접 죽이는 화학 물질이다. 아이들이 넘어져서 다쳤을 때 상처를 낫게 하기 위해 바르는 약은 모두 항생제에 해당한다. 대표적인 항생제로는 페니실린이나 결핵 치료제인 스트렙토마이신 등이 있다.

최초의 항생제는 살바르산(salvarsan)이라는 물질이다. 살바르산은 매독의 원인균을 죽이는 항생제이다. 살바르산을 만든 사람은 독일의 미생물학자 파울 에를리히(Paul Ehrlich, 1854~1915)이다. 비소가 세균을 죽일 수 있다는 사실을 알게 된 에를리히와 동료는 세균은 죽이면서 인체 조직에는 해를 미치지 않는 치료제를 찾기 위해 900개가 넘는 비소 화합물을 쥐에게 주입해 보았다. 이들은 1909년, 606번 비소 화합물이 매독균을 죽인다는 것을 알아냈다. 에를리히는 자신이 개발한 매독 치료제에 '세상을 구하는 비소(the arsenic that saves)'라는 의미로 살바르산이라는 이름을 붙였다. 살바르산은 이후 약 40년 동안 광범위하게 이용되었다.

이후에는 페니실린이 살바르산을 대신할 항생제로 떠올랐다. 스코틀랜드의 세균학자 알렉산더 플레밍(Alexander Fleming, 1881~1955)은 1927년에 우연히 푸른곰팡이 주변에는 황색포도상구균이 자라지 않는 것을 발견했다. 그는 푸른곰팡이에서 세균을 죽이는 물질을 분리해 페니실린이라는 이름을 붙였다. 페니실린은 세균을 파괴해 감염을 막는다. 페니실린이 사용 가능한 형태로 개발되어 대량 생산된 것은 1940년대에 들어서였고, 제2차 세계 대전에서 수백만 명의 목숨을 살렸다.

항생제는 많은 생명을 살려 냈지만, 내성이라는 심각한 문제를 낳기도 했다. 내성이란 세균이 특정 항생제에 저항력을 가지는 것을 의미한다. 항생제를 사용하면, 변이가 일어나 내성을 가지게 된 세균은 자연 선택될 것이고, 내성 유전자는 세균 사이에서 서로 교환될 것이다. 그러면 항생제에 대한 저항성은 확대된다. 따라서 항생제를 과다 사용하는 것은 좋지 않다.

고대에 사람들은 병의 원인을 신에게서 찾았다. 하지만 기원전 4세기에 활동한 히포크라테스는 질병의 원인을 자연적인 것에서 찾으려 했고, 공기 중의 나쁜 성분이 전염병을 퍼뜨린다고 생각했다. 하지만 중세가 끝날 무렵까지도 많은 전염병은 여전히 신의 징벌로 여겨졌다. 발병 원인을 정확하게 몰랐기 때문에 전염병에 어떻게 대처해야 할지도 몰랐다. 르네상스 말기에 프라카스토로는 눈에 보이지 않는 작은 입자로 전염병이 퍼진다는 혁신적인 주장을 펼쳤지만 그의 생각은 수용되지 못했다.

19세기 중반 이후 코흐와 파스퇴르는 질병의 세균설을 확립해 나갔다. 화합물의 결정, 효모의 발효, 자연 발생설 등을 연구한 파스퇴르는 누에 전염병을 시작으로 세균 연구에 뛰어들었다. 같은 시기 독일의 의사 코흐는 탄저병의 원인균을 찾아냈고, 탄저균을 분리해 체외에서 배양하는 데 성공했으며, 탄저병 예방법도 찾아냈다. 코흐와 파스퇴르는 경쟁적으로 세균 연구에 매진했다. 파스퇴르가 콜레라와 탄저병 백신을 개발해 세계적인 명성을 얻는 사이에 코흐가 결핵균과 콜레라균을 발견하는 식이었다. 이에 자극받은 파스퇴르는 얼마 뒤 광견병 백신을 만들어 냈다. 두 사람은 뛰어난 관찰력과 천부적인 실험 능력, 끈기로 질병과의 싸움에 공헌했다.

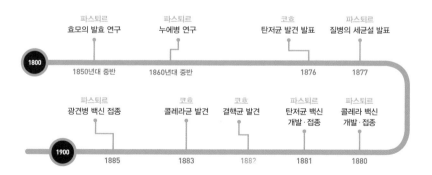

자식은 어떻게
부모를 닮을까?

멘델과 고전유전학의 발달

나는 내가 이룬 과학적 업적에 대단히 만족한다.
틀림없이 전 세계가 그 가치를 알게 될 것이다.
- 그레고어 요한 멘델-

부모는 머리카락 색깔, 피부색, 혈액형, 손가락 수 등 자신의 유전 형질을 자식에게 전해 준다. 부모의 유전 형질을 물려받은 자식은 부모를 닮는다. 자식이 부모를 닮는 현상을 유전이라고 하고, 유전의 원리를 연구하는 학문은 유전학이라고 한다. 유전자를 분자 수준에서 연구하게 된 1950년대를 기준으로 그 이전의 유전학은 고전유전학, 이후의 유전학은 분자생물학으로 구분된다.

부모의 형질은 어떤 과정을 거쳐 자식에게 전달될까? 사람의 형질은 유전자로 결정되니까 사실 부모는 자식에게 자신의 유전자를 물려주는 셈이다. 유전자는 세포에 있는 염색체에 들어 있다. 부모의 정소와 난소에서는 정자와 난자라는 생식 세포가 만들어진다. 정자에 들어 있는 23개의 염색체에는 아빠의 유전자가, 난자에 들어 있는 23개의 염색체에는 엄마의 유전자가 담긴다. 난자와 정자가 수정을 하면 수정란이라는 체세포 1개가 생기는데, 이 체세포 속에는 정자의 염색체와 난자의 염색체가 합쳐져서 46개의 염색체가 들어 있다. 바로 이 46개의 염색체에 있는 유전자의 조합으로 자식의 형질이 결정되는 것이다.

유전은 오랫동안 많은 사람들의 관심거리였지만, 유전의 원리를 이해하게 된 기간은 그리 오래되지 않았다. 생물학자들은 20세기 초가 되어서야 유전의 원리를 알아냈다. DNA 구조가 밝혀지고 유전공학이라는 학문이 발달하면서 유전에 관한 관심은 유전자를 조작하는 데까지 나아갔고, 완전한 생명체를 복제해 내려는 노력으로 이어지고 있다.

생명의 씨앗은 부모 중 누가 품고 있을까?

생물의 형질이 자손에게 유전되는 과정을 맨눈으로 직접 관찰할 수 없기 때문에 사람들은 오랫동안 상상으로 유전 현상을 설명해 보려고 했다. 그리스 신화를 보면 제우스는 여자의 도움 없이 혼자서 지혜와 전쟁의 여신 아테나를 낳는다. 이에 격노한 그의 부인 헤라도 남자의 도움 없이 혼자서 대장장이의 신 헤파이스토스를 낳는다. 이처럼 고대 그리스에서는 정자와 난자가 만나는 수정 과정을 거치지 않아도 부모 중 어느 한쪽에서 자손이 태어날 수 있다고 생각했다. 수정 없이 번식하는 이러한 생식을 단성 생식이라고 하는데, 오늘날 단성 생식은 벌이나 진드기, 드물게는 일부 어류나 파충류에서도 볼 수 있다.

이후 그리스에서 자연철학이 발달하면서 유전에 관해 조금 다른 생각들이 등장하기 시작했다. 히포크라테스는 자식을 만들 때 양쪽 부모가 각각 자신의 특성을 물려주기 때문에 자식은 부모의 특징을 모두 가지게 된다고 믿었다. 피타고라스(Pythagoras, 기원전 580년경~500년경)와 아리스토텔레스도 부모 양쪽이 모두 자식의 탄생에 중요한 역할을 한다고 생각했지만, 자손은 아버지의 특성만을 따르게 된다고 생각했다. 자손의 특성을 결정하는 것은 아버지이고, 어머니는 단지 태아를 기르는 배양기 역할만을 한다는 것이었다.

1590년에 네덜란드의 차하리아스 얀선(Zacharias Janssen, 1585~1632)이 오목 거울과 볼록 거울을 붙여서 최초로 현미경을 만들자 과학자들은 작은 생물을 관찰할 수 있게 되었다. 이는 유전의 비밀을 풀 단서가 되었다. 1677년에 네덜란드 출신의 안톤 필립스 판 레이우엔훅(Anton Philips van

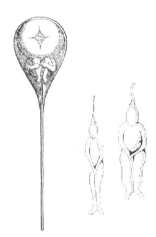

◎ 호문쿨루스 1694년 니콜라스 하르트수커의 《광학론》에
실린 그림으로, 정자 속에 들어 있는 호문쿨루스이다.

Leeuwenhoek, 1632~1723)은 정액 속에서 살아 움직이는 정자를 관찰했다.
정자가 발견되자 발생과 관련된 아주 오랜 논쟁이 되살아났다. 바로 '전성
설'과 '후성설' 논쟁이다.

전성설은 사람의 형상이 이미 완성된 상태로 정자나 난자 속에 아
주 작은 크기로 들어 있다는 이론이다. 이러한 소형 인간을 '호문쿨루스
(homunculus)'라고 한다. 전성설에 의하면 발생 과정은 완성된 개체의 크
기가 커지는 과정일 뿐이다. 한편 후성설은 발생이 진행되면서 몸의 각 기
관이나 구조가 만들어진다는 이론이었다. 후성설이 수용된 것은 19세기
중반 이후 발생학이 발달하면서 전성설이 폐기된 다음이다. 그 이전에는
전성설을 믿는 사람들도 많았기에 호문쿨루스의 존재를 가정하고 다양한
논의가 진행되었다.

정자의 발견은 소형 인간이 정자에 들어 있을지 난자에 들어 있을지를
둘러싼 또 다른 논쟁을 촉발시켰다. 소형 인간이 난자에 있다고 주장했

던 과학자들은 경제성을 근거로 들었다. 만약 소형 인간이 정자에 들었다면 남자들은 1번 사정할 때마다 엄청나게 많은 수의 소형 인간을 버리는 셈인데 이는 큰 낭비라는 것이었다. 그래서 많은 과학자들은 소형 인간이 난자에 들어 있을 것이고, 정자는 소형 인간이 자라는 방아쇠 역할을 한다고 여겼다. 하지만 소형 인간이 정자에 있다고 주장한 과학자들도 많았다. 정자를 처음 발견했던 레이우엔훅도 소형 인간이 정자에 들어 있다고 생각했다.

양측의 논쟁을 종결지은 것은 진드기였다. 스위스의 자연학자 샤를 보네(Charles Bonnet, 1720~1793)는 1740년부터 진드기 생식을 관찰하는 실험을 시작했다. 보네는 새로 태어난 암컷 진드기를 격리해서 키웠고, 이 진드기 한 마리에서 유충 95개를 얻었다. 보네는 진드기를 수컷 없이 10세대까지 키워서 진드기가 단성 생식 방법으로 번식한다는 것을 보였다. 보네의 실험으로 자식 개체가 아주 작은 형태로 모체 속에 들어 있다는 난자 중심 이론이 승리하는 듯 보였다.

하지만 소형 인간 이론은 아주 큰 문제를 지니고 있었다. 소형 인간이 난자 속에 들어 있거나 정자 속에 들어 있다면, 자식은 어머니의 형질만을 물려받거나 아버지의 형질만을 물려받게 된다. 소형 인간이 난자에 들어 있다면 자식이 아버지를 닮는 현상은 어떻게 설명할 수 있을까? 아버지의 형질은 도대체 어떻게 자식에게 전달되는 것일까?

프랑스의 수학자이자 천문학자였던 피에르 루이 모로 드 모페르튀이(Pierre-Louis Moreau de Maupertuis, 1698~1759)는 1745년에 출판한 책에서 전성설을 비판했다. 그는 부모 양쪽이 전해 주는 입자성 액체 혼합물이 강

력하게 결합해서 자식이 생기기 때문에 자식이 부모 모두를 닮게 된다고 주장했다. 모페르튀이는 다지증 형질을 가진 한 베를린 가계(家系)를 분석했다. 다지증은 손가락이나 발가락이 6개 이상 나타나는 형질이다. 그는 다지증이 아버지와 어머니 모두를 통해 자식에게 전해진다는 사실을 알아냈다. 그는 또한 다지증인 사람이 손가락이 5개인 배우자와 결혼을 하는 일이 계속되면 다지증이 약화되거나 사라진다는 점도 밝혔다. 모페르튀이의 주장은 오늘날의 유전에 대한 생각과 크게 다르지 않다.

19세기가 되어 발생학이 발달하고, 발생 과정에서 개체의 모양이 형성된다는 사실이 밝혀지자 전성설은 쇠퇴했다. 이후로 19세기 중반까지 과학자들이 가장 많이 믿었던 유전 이론은 '범생설'과 '혼합 유전 이론'이었다.

범생설은 히포크라테스가 처음 주장했고 나중에 다윈이 이름을 붙였던 이론이다. 범생설에 따르면 몸 안의 모든 기관에서는 각 기관의 정보를 가진 '제뮬'이라는 작은 입자를 만들어 내는데 이 입자들이 정자나 난자 속에서 통합된다. 제뮬은 그 상태로 자손에게 전달되어 유전이 일어난다.

　다윈은 진화를 설명하기 위해서 범생설을 지지했다. 간에 독성 물질이 들어오면 간은 그 독의 해독과 관련된 새로운 정보를 가진 제뮬을 생성하고, 이 제뮬이 정자나 난자 속에 들어가 다음 세대에게 전달되면 그다음 세대는 해독 정보를 가진 간을 만들 수 있다는 것이었다. 범생설에 의하면 생물체의 모든 부분에서는 변이가 일어나고, 이러한 변이가 누적되면 진화가 일어난다. 생물이 살아가면서 후천적으로 획득한 형질이 자손에게 유전될 수 있다고 본 범생설은 라마르크의 획득 형질의 유전설과도 비슷해 보였다.

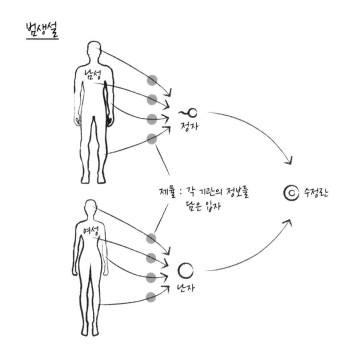

한편 혼합 유전 이론은 부모의 특성이 용액처럼 서로 섞여서 자손에게 전달된다고 주장하는 이론이다. 파란 물감과 노란 물감을 섞으면 녹색 물감이 되는 것처럼, 부모의 특성이 서로 섞여서 자손에게 전달되기 때문에 자식한테서는 부모가 가진 특성의 중간형이 나온다고 설명한다.

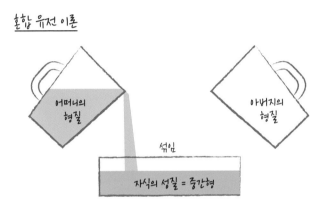

혼합 유전 이론

어머니의
형질

아버지의
형질

섞임

자식의 성질 = 중간형

제뮬을 이용해 변이가 발생하는 원인을 설명하고자 했던 범생설, 그리고 변이가 유전되는 방식을 설명하고자 했던 혼합 유전 이론은 세대를 거칠수록 유전적 특성이 섞여서 결국 사라진다는 점 때문에 비판받았다. 하지만 적어도 양쪽 부모의 특성이 모두 전달된다고 생각했다는 점에서는 이전 세대의 이론들보다 한층 설득력 있었다. 하지만 범생설이나 혼합 유전 이론은 오스트리아의 한 수도원에서 이루어진 실험 결과에 의해 폐기될 운명에 처했다.

◉ 그레고어 요한 멘델 유전의 기본 법칙을 밝혀냈지만, 멘델의 이론이 세상의 인정을 받은 것은 그가 죽고 나서였다.

오스트리아의 수도사, 유전 연구를 위해 완두콩을 키우다

그레고어 요한 멘델(Gregor Johann Mendel, 1822~1884)은 1822년 7월 22일에 오스트리아의 힌시세라는 마을(오늘날에는 체코에 속함)에서 태어났다. 멘델의 어렸을 적 이름은 요한 멘델이었다. 성실한 농부였던 멘델의 아버지는 과수원을 가지고 있었고, 멘델은 맛있는 과일을 키우기 위해 접붙이기를 하는 아버지의 과수원 일을 도우며 식물과 친숙한 어린 시절을 보냈다.

어렸을 때부터 영리하고 학교 성적도 좋았던 멘델은 18살이던 1840년에 현재의 고등학교에 해당하는 김나지움을 졸업하고, 대학에 진학하기 위한 2년제 대학예비학교에 들어갔다. 경제적으로 힘들었던 멘델은 여동생이 자신의 결혼 지참금을 학비로 보태 준 덕분에 겨우 학교를 마칠 수 있었다. 멘델은 공부를 계속하고 싶었지만 더 이상의 학업을 계속하기가 어려웠다. 그래서 당시 유럽에서 돈은 없지만 공부에 대한 열망과 재능을 가진 젊은이가 택할 수 있었던 유일한 길을 선택했다. 바로 수도사가 되는 것이었다. 멘델은 대학예비학교 교수이자 수도사였던 프리드리히 프란츠

○ 성 토마스 수도원 멘델은 21살에 이곳에 들어가 죽을 때까지 생활하고 연구했다.

교수의 권고를 받고 수도사가 되기로 결심했다. 프란츠 교수는 멘델에게 물리학을 가르침으로써 이후 멘델이 수학적인 방법으로 식물 연구를 할 수 있도록 이끈 인물이기도 하다.

멘델은 21살이 되던 1843년에 브르노에 있는 아우구스티노 수도회 소속의 성 토마스 수도원에 들어갔다. 멘델은 프란츠 교수의 강력한 추천으로 면접도 거치지 않고 바로 수도원에 들어갔다. 이곳에서 멘델은 요한이라는 이름 대신 그레고어라는 새로운 이름을 받았다. 당시 멘델이 있던 수도원은 지성의 중심지였고, 수도원 원장 냅은 멘델이 자연과학 연구를 계속하도록 격려했다. 멘델은 수도원에서 기상학, 식물학, 물리학, 수학 등을 마음껏 공부할 수 있었고, 식물 연구를 위한 온실에도 자유롭게 드나들었다.

1949년에 멘델은 근처 마을의 김나지움 학생들에게 수학과 그리스어를 가르치게 되었다. 멘델에게 대학 졸업장은 없었지만, 멘델을 높게 평가

○ 성 토마스 수도원의 수도사들 1862년에 찍은 수도사들의 단체 사진이다. 뒷줄 오른쪽에서 두 번째, 손에 꽃을 들고 있는 사람이 멘델이다.

한 수도원장의 추천 덕분에 가능한 일이었다. 멘델은 강의를 명료하게 열정적으로 하는 교사였다고 한다. 교사 일을 계속하기 위해서는 교사 자격시험을 봐야 했는데, 28살이 되던 1850년에 멘델은 이 시험에 떨어지고 말았다.

대수도원장은 멘델을 빈으로 보내 빈 대학교에서 공부하도록 했다. 멘델에게 교사 시험에 합격할 기회를 주기 위해서였다. 멘델은 학기가 시작되고 1달이 지나서야 대학에 도착했다. 거기다가 당시 28살이던 멘델은 남들보다 나이가 거의 10살 이상 많았다. 뒤떨어진 학업 진도를 만회하기 위해 멘델은 한 주에 다른 학생들보다 10시간은 수업을 더 들었다. 멘델은 이곳에서 당대 최고의 과학자들을 만나 유전 법칙의 필요성과 정교한 실험방식의 중요성을 배웠고, 자연법칙을 수학적으로 설명하는 안목을 길렀다. 이는 나중에 그의 중요한 학문적 기반이 되었다. 1853년에 멘델은 2년

간의 빈 생활을 마치고 다시 수도원으로 돌아왔다.

멘델의 학문적 성과로는 완두콩의 유전 연구가 유명하지만, 그가 처음부터 완두를 연구한 것은 아니었다. 완두콩바구미와 쥐, 꿀벌을 가지고 실험을 시작했던 멘델은 1854년부터 완두를 재배하기 시작했다. 수도원 정원 한쪽에 심었던 34그루의 완두가 그 시작이었다. 이듬해 대수도원장 냅은 멘델을 위해 큰 온실을 지었다. 분석하는 개체의 수가 많을수록 신뢰도 있는 결과가 나온다고 믿었던 냅의 배려였다. 멘델은 34세인 1856년에도 교사 자격증 시험을 통과하지 못했지만, 완두 연구는 계속되었다.

멘델이 연구 대상으로 완두를 선택한 이유는 여러 가지가 있었다. 일단 완두는 쉽게 구할 수 있는 재료였고, 임의대로 교배하기가 쉬웠다. 완두는 자가 수분이 가능하기 때문에 순종 형질을 얻기도 쉬웠다. 수술에서 만든 꽃가루가 암술머리에 붙는 것이 수분이고, 수분이 한 꽃 안에서 일어나는 것이 자가 수분이다. 완두는 암술과 수술이 꽃잎에 덮여 있기 때문에 자연 상태에서는 언제나 자가 수분을 하므로, 부모 개체가 순종이면 순종인 자손을 쉽게 얻을 수 있다. 또한 완두는 대립되는 형질이 뚜렷하고, 형질이 유전적으로만 결정되어 나타날 뿐 환경 영향을 받지 않는다. 이런 이유로 완두는 유전 원리를 알아내기에 최고의 선택이었다.

멘델은 먼저 정교하게 고안된 예비 실험을 진행한 뒤에 본 실험에서 이용할 형질을 결정했다. 그는 완두의 여러 형질 중 육안으로도 뚜렷하게 구분되는 대립 형질 7가지를 찾아냈는데, 콩의 모양이 둥근 것과 주름진 것, 콩이 노란색인 것과 녹색인 것, 꽃이 보라색인 것과 흰색인 것, 콩깍지 모양이 매끈한 것과 잘록한 것, 콩깍지 색이 초록색인 것과 노란색인 것, 꽃이 줄기 끝에서 피는 것과 줄기 중간에서 피는 것, 줄기의 키가 큰 것과 작은 것이었다. 이 형질들에 중간형은 없었다. 예를 들어 줄기의 키가 큰 것은 키가 1.8m 이상이었고, 키가 작은 것은 키가 50cm 이하로 아주 작았다.

완두의 형질

	씨 모양	씨 색깔	꽃 색깔	깍지 모양	깍지 색깔	꽃 위치	줄기 키
우성	둥긂	노란색	보라색	매끈함	녹색	잎겨드랑이	긺
열성	주름짐	녹색	흰색	잘록함	노란색	줄기 끝	짧음

멘델은 자가 수분을 계속시켜서 순종의 완두를 얻었다. 순종은 교배를 계속해도 다른 형질이 나타나지 않는 형질을 의미한다. 그다음에는 순종의 완두를 땅에 심어 꽃이 필 때까지 기다려 교배 실험을 진행했다. 실험은 완두의 꽃을 열어 수술을 제거한 후 자신이 원하는 형질을 가진 꽃가루를 암술머리에 묻히는 방식으로 진행되었다. 멘델은 8년 동안 무려 약 12,000그루의 완두를 재배했고, 4만 송이 이상의 꽃을 교배했으며, 30만 개 이상의 완두콩을 헤아렸다.

멘델은 씨앗의 모양부터 실험을 시작했다. 먼저 순종의 둥근 완두와 주름진 완두를 교배시켜 보았다. 그러자 잡종 1대에서는 모두 둥근 완두만을 얻을 수 있었다. 당시 유행했던 혼합 유전 이론에 의하면 둥근 완두와 주름진 완두를 교배하면 두 특성이 섞이면서 중간형의 완두가 나타나야

했다. 하지만 실제로는 잡종 1대에서 둥근 완두만을 얻어낼 수 있었다. 그렇다면 주름진 형질은 어디로 간 것일까?

멘델은 여기에서 멈추지 않고 잡종 1대에서 얻은 둥근 완두를 땅에 심어 자가 수분을 시켰다. 그러자 놀랍게도 잡종 2대에서는 잡종 1대에서 사라졌던 주름진 완두가 다시 나타났다. 멘델이 잡종 2대에서 얻은 콩은 모두 7,324개였는데, 이 중 둥근 콩이 5,474개였고, 주름진 콩은 1,850개였다. 멘델이 실험을 할 때마다 잡종 2대에 나타난 주름진 완두의 수는 항상 전체 완두의 1/4 정도를 차지했다. 즉, 잡종 2대에서는 둥근 완두와 주름진 완두의 비율이 항상 3:1이었다. 이것은 주름진 특성이 사라져 없어지는 것이 아니라 잡종 1대의 둥근 완두 속에 숨어 있었음을 의미했다.

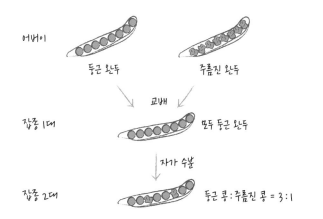

멘델은 다음에는 콩의 색깔로 같은 방식의 실험을 해 보았다. 순종의 노란색 완두와 녹색 완두를 교배하자 잡종 1대에서는 모두 노란색 완두만 나타났고 녹색 완두는 나타나지 않았다. 하지만 잡종 2대에서는 사라졌던 녹색 완두가 다시 일정한 비율로 나타났다. 멘델은 다른 대립 형질로 진행한 실험에서도 모두 같은 결과를 얻을 수 있었다. 만약 부모의 형질이 혼합되어 자손에게 중간형이 나타난다면 완두의 유전은 설명할 수 없게 된다.

여기까지의 잡종 교배 실험은 멘델 이전에도 이미 실시된 적이 있었다. 18세기 말 독일의 식물학자 요제프 고틀리프 쾰로이터(Joseph Gottlieb Kölreuter, 1733~1806)는 주로 담배속에 속하는 식물들을 대상으로 멘델과 비슷한 교배 실험을 실시했다. 멘델이 빈 대학교를 다닐 때 만났던 생리학자 프란츠 웅거(Franz Unger, 1800~1870)는 멘델의 관심을 기상학에서 식물학으로 돌리는 데 아주 큰 역할을 한 사람이다. 그는 멘델보다 앞서 식물 잡종에 관한 연구를 진행했다. 웅거는 두 식물을 교배하면 다음 세대에서는 한 종류의 식물만이 생산되고, 이 식물들을 다시 교배하면 다음 세대에서는 없어졌던 형질이 다시 나타난다는 사실을 멘델보다도 먼저 알아냈다. 이외에도 독일의 식물학자 카를 프리드리히 폰 게르트너(Karl Friedrich von Gärtner, 1772~1850) 등 여러 식물학자들이 멘델보다도 먼저 식물 잡종 연구를 진행했다.

멘델보다 앞서서 식물 유전 실험을 한 식물학자들이 많았음에도 멘델이 유전학의 아버지로 불리는 이유는 실험 다음 과정에서 찾을 수 있다. 멘델 자신이 논문의 서두에서 밝힌 바에 의하면 그는 다른 과학자들과는 달리 잡종 형성 과정을 지배하는 일반적인 법칙을 찾아내고 싶어 했다. 그 법칙을 찾는 과정에서 멘델은 통계적인 분석 방법을 사용했고, 그 분석으로부터 남들과 다른 결론을 얻어 냈으며, 그 결론을 표현할 새로운 언어를 고안해 냈다. 이야말로 멘델과 그 이전 연구자들의 차이점이라고 할 수 있다.

멘델은 자신의 실험 결과를 해석하는 과정에서 이전의 학자들이 만들지 못했던 새로운 가설을 세웠다. 유전이 특정한 인자에 의해 결정된다는 가설이었다. 그는 모든 생물에는 특성을 결정하는 인자가 한 쌍씩 있으며, 쌍을 이루는 인자는 각각 부모로부터 하나씩 물려받는다고 가정했다. 그리고 대립 형질을 나타내는 인자가 함께 있을 때는 두 인자 중 한쪽만 겉으로 나타난다고 생각했다. 멘델은 둥근 콩과 노란색 콩처럼 잡종 1대에 겉으로 나타나는 우세한 인자를 우성, 주름진 콩과 녹색 콩처럼 겉으로 나타나지 않는 인자를 열성이라고 불렀다. 멘델은 유전을 나타내는 인자가 입자적인 성격을 띤다고 생각했다. 멘델이 말한 입자는 바로 오늘날의 유전자라고 할 수 있다.

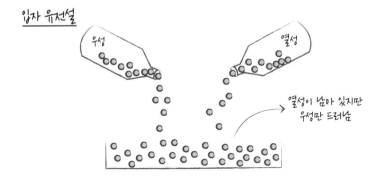

멘델은 유전을 결정짓는 인자를 알파벳을 써서 나타냈다. 그는 우성의 경우에는 알파벳 대문자(A)로, 열성의 경우에는 소문자(a)로 나타냈고, 두 인자가 섞여 있는 잡종의 경우는 Aa로 표현했다. 멘델은 겉으로 나타나는 표현형과 실제로 가지고 있는 인자의 차이를 정확하게 알고 있었던 것이다. 또한 잡종을 표시하기 위해 문자를 2개 사용한 것은 잡종 속에는 우성 인자와 열성 인자가 다 들어 있으며, 그중 열성 인자는 감추어져 있다가 후대에 가서 다시 나타난다는 사실을 멘델이 이해하고 있었음을 보여 준다.

멘델은 열성과 우성 두 인자를 모두 가진 노란색 콩(Aa)에서 생식 세포가 만들어질 때는 우성 인자와 열성 인자가 각각 분리되어 생식 세포 안으로 들어갈 것이라고 추측했다. 이것이 바로 오늘날 '분리의 법칙'이라고 부르는 유전 법칙이다. 잡종 1세대에서 분리된 우성 인자와 열성 인자는 다시 합쳐져 잡종 2대의 형질을 결정한다. 멘델의 결론은 왜 순종의 둥근 완두와 주름진 완두를 교배하면 잡종 1대에서 둥근 완두만 나오는지, 그리고 잡종 1대를 자가 수분 하면 왜 잡종 2대에서는 다시 주름진 완두가 25% 확률로 나오는지를 설명할 수 있었다.

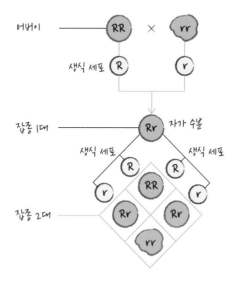

멘델은 여기에서 더 나아가 각각의 인자들은 서로에게 영향을 미치지 않고 독립적으로 유전된다는 것도 밝혀냈다. 멘델은 완두의 모양을 결정하는 인자와 색을 결정하는 인자를 함께 유전시키더라도, 잡종 2대에서 모양은 모양대로 둥근 완두와 주름진 완두가 3:1의 비율로 나타나고, 색은 색대로 노란색 완두와 녹색 완두의 비율이 3:1로 나타난다는 것을 알아냈다. 두 가지 이상의 형질이 서로 함께 유전되더라도 각 형질은 서로 관여하지 않고 독립적으로 유전된다는 것이 바로 '독립의 법칙'이다.

멘델은 1865년에 브르노의 자연사학회에서 자신의 연구 결과를 발표했다. 발표 당시 아무도 멘델의 발표에 이의를 제기하지 않았는데, 이는 멘델의 실험 결과를 이해하는 사람이 아무도 없었기 때문이었다고 한다. 멘델은 자신의 연구 결과를 〈식물 잡종에 관한 실험〉이라는 44쪽짜리 논문으로 정리했고, 이 논문을 《브르노 자연과학 연구학회보》에 게재했다. 멘델은 자신의 논문을 따로 40부 복사해서 유럽의 여러 생물학자에게 보내기도 했다. 하지만 멘델의 논문은 거의 읽히지 못한 채로 남았다.

멘델의 연구가 무시되었던 데는 여러 이유가 있다. 첫째로, 멘델은 당시의 과학계에 전혀 알려지지 않았던 사람이었다. 과학자들은 멘델을 수도사로만 생각했고, 과학자로 인정하지 않았다. 둘째로, 당시에 과학자들의 화두는 온통 진화론에 집중되어 있었다. 다윈이 1859년에 《종의 기원》을 출판하고 얼마 지나지 않은 시기였기 때문에 과학자들의 관심은 진화론에 쏠려 있었고, 멘델의 유전 연구는 상대적으로 시시해 보일 수밖에 없었다.

마지막으로, 당시에 범생설이나 혼합 유전 이론을 믿고 있었던 과학자들에게 있어서 멘델의 입자 유전설은 받아들이기 힘든 내용이었다. 멘델 유전 이론의 핵심은 생물의 특성이 인자라는 단위로 결정되며, 인자들이 섞이지 않고 분리될 뿐만 아니라 독립적인 단위로 자식에게 전달된다는 것이었다. 유전의 기본 단위가 각 생물체라고 생각하던 당시에 유전의 기본 단위가 인자라는 멘델의 주장은 수용되기 어려웠다.

멘델은 빈 대학교에 다닐 때 통계 이론을 공부한 적이 있었다. 멘델은 자신의 수학 지식을 생물학에 적용하고 싶어 했고, 결국 수학적인 방법을 이용해 유전을 지배하는 기본 법칙을 알아냈다. 멘델처럼 수학적인 방식으로 생명 현상을 연구하는 일은 수십 년이나 지나서야 보편적이 되었으니, 멘델 연구의 가치가 크게 인정받기 위해서는 좀 더 시간이 필요했던 것이다.

멘델은 46살이던 1868년에 대수도원장으로 뽑혔다. 이후로 멘델은 완두에 관한 논문을 더 이상 발표하지 않았다. 대신 관심을 기상학으로 돌렸고, 벌과 관련된 연구도 열심히 했다. 기상학에서도 통계적 방법을 이용한 멘델은 유전학보다는 오히려 기상학에서 큰 인정을 받았다. 멘델은 자신의 연구 중에서 가장 유명한 업적으로 남을 유전 이론이 인정받는 모습을 보지 못하고 만성 신장염과 심장 비대로 1884년에 세상을 떠났다. 당시 그의 사망을 알리는 기사 그 어디에도 그의 유전 연구에 관한 언급은 없었다고 한다.

20세기가 시작될 즈음, 과학자들은 세포와 생식에 대해 멘델이 살았던 시기와 비교할 수 없을 정도로 많은 사실을 알게 되었다. 세포학자들은 세포 중심에 있는 세포핵과 그를 둘러싼 세포질의 역할을 찾아냈고, 세포가 분열할 때 세포핵에서 염색체가 나타난다는 사실도 알아냈다. 또한 생식 세포가 만들어질 때 상동염색체 중 하나는 난자로, 하나는 정자로 들어간다는 것도 확인했다.

한편 독일의 진화생물학자 아우구스트 프리드리히 레오폴트 바이스만(August Friedrich Leopold Weismann, 1834~1914)은 유전 현상을 설명할 새로운 이론을 내놓았다. 그는 생식 세포 속의 생식질이라는 것이 한 세대에서 다음 세대로 전해짐으로써 유전이 일어난다는 '생식질 연속설'을 주장했다. 바이스만은 생식질이 최초의 생명체로부터 이어져 왔으며, 생식질이 변해야 비로소 체세포에도 변화가 일어난다고 설명했다. 바이스만의 생식질 연속설은 유전 물질이 생식 세포를 통해 다음 세대로 전달된다고 설명했다는 점에서 멘델의 유전 인자 개념과 크게 다르지 않았다.

이런 학문적 분위기 속에서 멘델의 연구는 그가 죽고 나서 16년 정도가 지난 1900년에 세 사람의 유전학자에 의해 거의 동시에 재발견되었다. 물론 그 이전에도 멘델의 연구가 지닌 가치를 알아본 학자들도 있었고, 멘델의 연구를 인용한 학자들도 있었다. 그러나 멘델의 연구는 재발견 이후에야 정설로 자리매김할 수 있었다.

멘델의 연구를 재발견한 첫 번째 과학자는 네덜란드의 생물학자인 휘호 마리 더프리스(Hugo Marie de Vries, 1848~1935)였다. 더프리스는 돌연

◑ 멘델의 연구를 재발견한 세 과학자 멘델의 유전 법칙 연구는 후대 과학자들이 새롭게 발견해 검증했다. 차례대로 더프리스(좌)와 코렌스(중), 체르마크(우)이다.

변이설로 유명하다. 그는 오랫동안 달맞이꽃을 연구했는데, 유전자에 돌연변이가 나타났을 때 새로운 종이 탄생한다고 주장했다.

더프리스는 여러 식물을 가지고 식물 잡종 연구를 진행해 멘델과 거의 같은 실험 결과를 얻어 냈다. 그는 하얀 패랭이꽃 중 털이 있는 것과 털이 없는 것을 교배해 잡종 2대에서 털이 있는 꽃은 392개, 털이 없는 꽃은 144개를 얻어냈다. 멘델이 완두콩 실험에서 얻었던 것과 같은 3:1의 비율이었다. 또 검은색 양귀비와 흰색 양귀비를 교배했을 때도 잡종 1대에서는 모두 검은색이 나오고, 잡종 2대에서는 검은색과 흰색의 꽃이 158:43, 즉 거의 3:1의 비율로 나타났다. 더프리스는 멘델이 주장했던 것처럼 우성 인자와 열성 인자가 서로 분리되어 유전된다는 사실을 확인했다.

멘델의 연구를 재발견한 두 번째 과학자는 독일의 식물학자인 카를 에리히 코렌스(Carl Erich Correns, 1864~1933)이다. 코렌스는 옥수수와 완두 연구를 통해 멘델의 유전 법칙을 재확인했다.

멘델을 재발견한 세 번째 과학자는 오스트리아의 식물학자 에리히 폰 체르마크(Erich von Tschermak, 1871~1962)이다. 체르마크도 완두 연구로 멘델의 유전 법칙을 재확인했지만, 체르마크의 실험은 초보적이었고 조사한 완두의 수도 적었기 때문에 멘델의 유전 법칙 재발견에서 체르마크의 공헌도에 대해서는 약간 논란이 있다.

멘델의 유전 법칙 재발견은 유전학이라는 학문의 등장으로 이어졌다. 유전에 관한 발견들이 하나의 학문으로 정립되기 위해서는 먼저 유전의 원리와 규칙을 설명하는 언어가 필요했다. 영국의 동물학자였던 윌리엄 베이트슨(William Bateson, 1861~1926)은 오늘날 우리가 사용하는 유전 용어를 만들었고, 멘델이 발견한 유전 법칙을 널리 알렸다.

1900년 5월, 베이트슨은 왕립원예학회 연례 회의에 참석하기 위해 탄 런던행 기차에서 《브루노 자연과학 연구학회보》를 읽었다. 이 책에는 멘델의 실험이 실려 있었다. 베이트슨은 그해 봄 두 달 사이에 나란히 출간되었던 더프리스, 코렌스, 체르마크의 논문을 읽어 이 세 논문이 동시에 멘델의 실험을 인용했다는 사실도 알았다. 멘델의 논문을 읽은 베이트슨은 자신이 구상하던 실험을 멘델이 이미 35년 전에 실시했다는 것을 알았고, 이때부터 멘델의 유산을 널리 알리기 시작했다.

베이트슨은 독일어로 쓰인 멘델의 논문을 영어로 번역하며 멘델의 유전 법칙을 사람들이 쉽게 이해하도록 새로운 용어를 만들어 냈다. '분리의 법칙'이나 '독립의 법칙'과 같은 말은 모두 베이트슨이 만든 것이다. 대립형질, 표현형, 유전자형이라는 말도 베이트슨이 만들었다.

멘델은 우성이면서 순종인 형질을 A라고 나타냈고, 열성이면서 순종인 형질을 a로 표기했다. 베이트슨은 이를 오늘날과 같은 방식인 AA, aa로 적어 사람들이 유전 인자의 분리 현상을 더 명확하게 이해할 수 있도록 했다. 비슷한 시기에 덴마크의 식물학자 빌헬름 루드비 요한센(Wilhelm Ludwig Johannsen, 1857~1927)은 멘델이 사용했던 유전 인자라는 말 대신에 오늘날 우리가 사용하는 유전자(gene)라는 용어를 만들기도 했다.

1906년 런던에서 마침내 최초의 유전학 국제 학술 대회가 열렸다. 잡종 교배와 육종에 관한 이 학술 내회에서 베이트슨은 새로운 제안을 했다.

이 분야에는 아직 명칭이 없어서 우리의 연구를 명확하게 표현할 방법이 없습니다. 저는 유전과 변이 현상을 연구하는 이 분야에 유전학(Genetics)이라는 이름을 붙일 것을 제안합니다.

-윌리엄 베이트슨

기원을 뜻하는 단어 'genesis'에서 유래한 이 학문 명칭은 학계 전반에 받아들여졌다. 이후로는 유전의 원리를 연구하는 학문을 일컬을 때 유전학이라는 이름이 보편적으로 사용되었다.

유전학이라는 학문의 성격이 규정되자 여러 질문들이 자연스럽게 따라 나왔다. '유전자의 정체는 무엇이며 도대체 어디에 있는 것일까?', '유전자는 어떻게 자손에게 전달될까?', '멘델의 유전 법칙은 사람에게는 어떻게 적용될 수 있을까?'와 같은 질문이었다.

유전자가 염색체 위에 있다는 사실을 밝혀내기까지는 오랜 기간의 노력이 필요했다. 멘델의 유전 법칙이 재발견되기 전인 1876년에 독일의 동

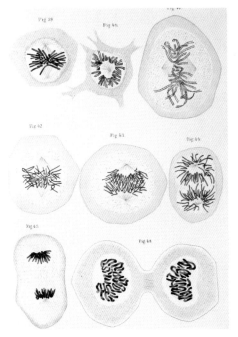

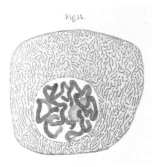

○○ 플레밍의 세포 삽화 1878년에 출간된 플레밍의 책에 실린 삽화들이다. 각각 세포의 체세포 분열 과정과 염색체 모양을 표현했다.

물학자 오스카르 헤르트비히(Oscar Hertwig, 1849~1922)는 세포가 분열할 때 염색체 수가 줄어드는 감수 분열을 처음 발견했다. 헤르트비히는 성게를 연구한 끝에, 난자와 정자를 만들 때 염색체의 수가 반으로 줄어들고, 수정할 때 정자가 난자 속으로 들어가 두 생식 세포의 염색체가 합쳐지면서 원래의 염색체 세트가 다시 만들어진다는 사실을 알아냈다.

그로부터 3년 뒤인 1879년에 독일의 생물학자 발터 플레밍(Walther Flemming, 1843~1905)은 도롱뇽의 아가미와 지느러미 세포가 분열하는 동안 염색체가 어떻게 움직이는지를 관찰한 결과, 염색체 수가 줄어들지 않는 분열인 체세포 분열을 발견했다. 하지만 헤르트비히나 플레밍은 자신들의 발견과 멘델의 연구 내용을 연결 짓지 못했다.

월터 스탠버러 서턴(Walter Stanborough Sutton, 1877~1916)은 세포 분열이 일어날 때의 염색체 움직임과 유전 인자가 서로 밀접한 관련이 있다는 것을 깨달았다. 생식 세포를 만들 때 염색체의 수가 반으로 줄어들고 수정을 통해 다시 합쳐진다는 사실은, 부모 양쪽으로부터 물려받은 유전 인자가 생식 세포를 만들 때 분리된다는 멘델의 이론과 완벽히 들어맞았다. 서턴은 유전자가 염색체에 있다고 가정하면 멘델의 유전 법칙에 맞아 떨어진다고 생각했다. 1903년의 일이었다.

하지만 유전자가 염색체에 있다는 서턴의 이론에는 문제가 있었다. 염색체의 수와 유전 인자의 수가 서로 다르다는 점이었다. 사람의 체세포 속에는 염색체가 46개 들어 있지만 유전자의 수는 약 3만 개 정도 된다. 서턴은 하나의 염색체에 여러 개의 유전자가 들어 있을 것이라고 생각했다. 그러나 1개의 염색체에 여러 개의 유전자가 들어 있다는 가설은 멘델의 독립의 법칙과 맞지 않았기 때문에 즉각적으로 인정받지 못했다.

미국의 생물학자 토머스 헌트 모건(Thomas Hunt Morgan, 1866~1945)이 이에 대한 해답을 제시했다. 처음에 모건은 유전이 염색체와 관련이 있을 것이라는 가설을 받아들이면서도 다른 한편으로는 멘델의 이론을 부정했다. 멘델의 이론은 유전 과정을 정확하게 설명하지 못할 뿐만 아니라 멘델이 가정한 유전 인자의 존재를 보여 주는 증거도 없다고 생각했기 때문이다. 이러한 모건의 생각을 바꾸어 놓은 것은 그의 실험 재료인 초파리였다.

모건은 1908년부터 컬럼비아 대학교에 있는 자신의 연구실에서 초파리를 연구하기 시작했다. 모건은 암실에서 초파리를 계속 번식시키면 언젠

○ 토머스 헌트 모건 모건은 초파리를 이용한 유전 법칙 실험을 진행해 노벨 생리의학상을 받았다.

가는 눈이 없는 개체가 나타날 것이라고 생각해 인내심을 가지고 초파리를 길렀다. 모건은 붉은색 눈을 가진 초파리 70세대를 키우고서야 마침내 흰색 눈을 가진 수컷 초파리를 얻을 수 있었다. 그는 이 흰색 눈 초파리를 붉은색 눈을 가진 초파리와 교배시켜 그 결과를 확인했다.

붉은 눈 초파리(XX)와 흰 눈 초파리(X'Y)를 교배한 결과 모건은 멘델의 이론대로 잡종 1대에서는 모두 붉은 눈 초파리만 나온다는 사실을 확인했다. 이것은 붉은 눈이 우성, 흰 눈이 열성 형질임을 의미했다. 멘델이 했던 것처럼 모건이 잡종 1대의 초파리를 교배하자 잡종 2대에서는 붉은 눈과 흰 눈 초파리가 3:1의 비율로 나왔다.

잡종 2대에서 흰 눈을 가진 초파리는 모두 수컷이었다. 그 이유를 확인하기 위해 모건은 또 다른 실험을 계획했다. 흰 눈 초파리(X'Y)와 붉은 눈 초파리(XX')를 교배했더니 이번에는 붉은 눈 암컷 : 붉은 눈 수컷 : 흰 눈 암컷 : 흰 눈 수컷이 1:1:1:1의 비율로 나왔다.

자신의 실험 결과를 설명하기 위해 모건은 '반성 유전(sex-linked inheritance)'이라는 개념을 도입했다. 초파리의 눈 색깔을 결정하는 유전자가 성염색체인 X염색체 위에 있다고 생각한 것이다. 이것은 눈 색깔을 결정하는 유전자와 성을 결정하는 유전자가 같은 X염색체 위에 있다는 의미였다. 모건은 날개의 형태를 결정하는 유전자도 X염색체 위에 있음을 밝혀냈다. 서턴이 주장했던 것처럼 하나의 염색체에 여러 개의 유전자가 있었던 것이다.

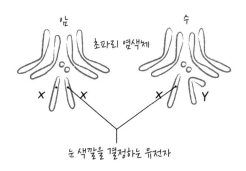

모건은 유전자가 염색체 위에 구슬처럼 배열되어 있다는 유전자설을 주장했다. 모건의 연구는 멘델의 유전 법칙이 맞다는 사실을 증명했을 뿐만 아니라, 유전자가 염색체상의 일정한 위치에 있으며, 생식 과정에서 염색체가 자손에게 전해져 유전이 이루어진다는 점도 잘 보여 주었다. 결국 모건은 초파리의 유전 원리를 밝힌 공로로 1933년에 노벨 생리의학상을 받았다.

멘델, 노력과 통찰력으로 '유전학의 아버지'가 되다

멘델이 시작하고 모건이 완성한 이 학문은 오늘날 고전유전학이라는 이름으로 불린다. 고전유전학에서는 주로 유전의 기본 원칙과 유전 물질 전달 메커니즘을 연구한다. 하지만 과학자들은 염색체에 있는 유전자가 자손에게 전달된다는 점만 알아냈을 뿐, 유전자의 본질이 무엇인지를 알아내는 과제는 여전히 남아 있었다. 제임스 왓슨과 프랜시스 크릭이 1953년에 유전 물질인 DNA의 구조를 밝혀내고, DNA로부터 형질이 발현되는 과정을 연구하는 분자생물학이 탄생하기까지는 시간이 더 필요했다.

'무엇이 과학 지식을 발전시키는가'라는 질문에는 여러 가지 답이 있을 것이다. 멘델의 연구는 그에 대한 하나의 대답이 될 수 있다. 멘델은 번뜩이는 영감을 가진 천재라기보다는 목표를 정하고 그것을 위해 매진하는 종류의 사람이었다.

> (멘델은) 거의 사로잡힌 듯이 자기 일에 열심인 사람이었다. 그러나 여전히 1퍼센트의 영감을 가지고 있었으니 곧 자기가 얻은 결과를 약간 다른 각도에서 바라보는 능력이었다. 이런 통찰력이야말로 멘델이 유전학의 궁극적 토대가 되는 유전 법칙을 제안하여 천재의 위업을 이룩하도록 만든 힘이었다. 그는 비전을 가졌고, 그것이 찬란하게 빛나는 근본적인 결론에 이르기까지 자신을 헌신한 사람이었다.
>
> -로빈 헤니그,《정원의 수도사》, 14쪽

멘델의 삶은 과학 발전의 경로 중 하나가 노력, 그리고 노력의 결과를 분석할 수 있는 통찰력이라는 점을 잘 보여 준다. 그는 죽기 직전에 동료 수도사에게 다음과 같은 유언을 남겼다. 멘델은 오늘날에도 '유전학의 아버지'라는 이름으로 평가받고 있으니, 멘델의 유언이 결코 틀리지 않았다고 할 수 있을 것이다.

> 비록 내 평생 힘들 때도 많았지만, 아름다운 일과 좋은 일이 더 많았다는 사실에 감사드린다. 또 내가 이룬 과학적 업적에도 대단히 만족한다. 틀림없이 전 세계가 곧 그 가치를 알게 될 것이다.
>
> -그레고어 요한 멘델(에드워드 에델슨,《유전학의 탄생과 멘델》, 14~15쪽)

또 다른 이야기 | 유전 정보에 변화가 생기다, 인간의 돌연변이 ··············

유전 형질 단위인 유전자는 DNA에 들어 있다. 유전 정보는 DNA를 이루는 염기들의 배열 순서로 결정된다. 사람의 체세포 1개에는 46개의 염색체가 들어 있는데, 염색체는 DNA와 히스톤이라는 단백질이 합쳐져서 만들어진다. 돌연변이는 DNA에 영구적인 변화가 나타난 것, 즉 유전 정보에 변화가 나타난 것이다.

세포가 분열하기 전에 세포 안에서는 DNA 복제가 일어난다. DNA가 복제될 때, 원본 염기와 다른 염기가 배열되면 돌연변이가 생긴다. 물론 세포에는 잘못된 염기를 수선하는 능력이 있다. 하지만 수선이 진행되기 전에 DNA가 다시 복제된다면 DNA 염기 서열에는 영원히 변화가 생긴다. 이러한 돌연변이가 유전자 돌연변이다. 유전자 돌연변이에는 알비노증, 페닐케톤뇨증, 낫모양 적혈구 빈혈증 등이 있다.

돌연변이는 염기보다 더 큰 수준에서 일어나기도 한다. 염색체 수가 변하거나 염색체가 절단되는 경우처럼 염색체 수준에서 변이가 나타난 것이 염색체 돌연변이이다. 다운증후군이나 에드워드증후군, 고양이울음증후군 등이 염색체 돌연변이에 해당한다. 성염색체에 돌연변이가 일어나는 경우도 있다. 일반적으로 여성은 성염색체 XX를 가지고 남성은 성염색체 XY를 가진다. 성염색체 돌연변이로는 성염색체가 X 하나만 있는 터너증후군이나, 성염색체가 XXY가 된 클라인펠터 증후군이 있다.

돌연변이가 일어나면 개체군 내의 유전적 다양성이 증가한다. 하지만 돌연변이는 생존에 불리한 경우가 많다. 대부분의 생물이 현재의 환경에 적응했으므로 보통 돌연변이 유전자는 현존 유전자만큼 작동이 되지 않는다. 매우 드물게 이로운 돌연변이가 생기기도 하고 시간이 지나면서 진화적으로 선택될 수도 있지만, 돌연변이가 진화에서 핵심 역할을 할 만큼 자주 일어나지는 않는다. 자연적인 돌연변이의 경우 DNA가 백만 번 복제될 때 1번 정도 나타난다. 따라서 오늘날 진화학자들은 돌연변이뿐만 아니라 생물 집단 사이의 유전자 흐름도 중요한 진화 요인으로 든다.

유전학은 유전 현상의 원리에 대해 연구하는 학문이다. 고대 그리스의 자연철학자들은 부모 중 어느 쪽이 자신의 특성을 자식에게 물려주는지를 두고 서로 다른 주장을 했다. 17세기 말에 현미경을 이용해 정자를 관찰하고 나서 전성설과 후성설 논쟁이 촉발되기도 했다. 19세기에 발생학이 발달하자 전성설은 쇠퇴했지만, 정자나 난자 속에 들어 있다고 믿었던 소형 인간에 대한 논쟁은 상당히 오랫동안 계속되었다. 전정설·후성설 논쟁과 더불어 범생설과 혼합 유전 이론노 19세기 말까지 많은 논쟁을 불러일으켰다. 범생설은 생물에게 나타난 변이가 제뮬이라는 입자로 정자와 난자에 전해진다는 이론이고, 혼합 유전 이론은 자손에게는 부모의 특성이 섞인 중간형이 나타난다는 이론이다.

멘델의 유전 이론은 유전에 관한 기존의 이론들이 잘못되었음을 보였다. 완두를 연구에 이용한 멘델은 형질이 유전 인자라는 입자를 통해 전해지며, 그 유전 인자는 세대를 거듭해도 없어지지 않는다고 주장했다. 순종의 둥근 완두콩과 주름진 완두콩을 교배하면 잡종 1대에서 둥근 콩만 얻을 수 있다. 멘델은 주름진 완두콩을 만드는 유전 인자가 없어진 것이 아니라 단지 겉으로 나타나지 않았을 뿐이라고 해석했다. 잡종 1대의 둥근 콩을 자가 수분 시키면 잡종 2대에서는 다시 주름진 완두콩이 나타나기 때문이었다. 감수 분열이 일어나는 동안 잡종 1대의 둥근 완두콩에 있었던 우성 인자와 열성 인자가 분리되기 때문에 잡종 2대에서 주름진 완두콩이 다시 나타날 수 있었다.

멘델의 연구는 그의 생전에는 주목받지 못했고, 20세기에 재발견되어 공식적으로 인정받을 수 있었다. 이후 베이트슨, 요한센, 서턴 등의 공헌으로 유전학은 하나의 학문으로 자리 잡았고, 모건이 유전자와 염색체의 관계를 밝혀내 고전유전학이 완성되었다.

유전 물질의
정체를 밝혀라!

DNA의 역할과 구조의 발견

세상에는 오직 하나의 과학이 있다. 바로 물리이다.
다른 모든 것들은 사회적인 작업이다.
- 제임스 듀이 왓슨-

오늘날 생물학을 조금이라도 접해 본 사람이라면 누구나 유전 물질의 본체가 DNA라는 사실을 안다. 또한 DNA가 이중 나선 구조라는 사실도 알고 있다. 하지만 생물학자들은 꽤 오랫동안 유전 물질은 DNA가 아니라 단백질일 것이라고 믿었다. 유전 물질은 보다 복잡한 물질일 것이라는 생각 때문이었다. 1920년대부터 진행된 여러 생물학자들의 실험 결과는 DNA가 유전 물질이라는 점을 보여 주고 있었지만 그 사실이 받아들여지는 데는 꽤 오랜 시간이 필요했다. 1951년에 시행된 허시와 체이스의 박테리오파지 실험이 공식적으로 인정된 후에야 생물학자들은 비로소 DNA가 유전 물질이라고 믿게 되었다.

DNA가 유전 물질이라는 점이 알려졌어도, DNA의 구조를 밝혀내는 과제는 여전히 남아 있었다. 영국 런던 대학교 킹스 칼리지의 연구팀, 케임브리지 대학교의 캐번디시 연구팀, 그리고 캘리포니아 공과 대학교의 폴링 등이 DNA 구조를 밝히기 위해 경쟁적으로 노력했다. 결국 캐번디시 연구소 소속의 왓슨과 크릭이 이 경주의 최종 승자가 되었다.

DNA 구조의 해명은 또 다른 연구의 시작에 불과했다. DNA의 유전 정보가 어떤 과정을 거쳐서 형질로 발현되는지, 그 과정은 어떻게 조절되는지, 혹은 DNA에 있는 정보 중 필요한 정보만을 골라내어 인공적으로 어떤 물질을 합성해 낼 수는 없는지 등이 새로운 연구 주제로 떠올랐다. 이를 해결하는 과정에서 분자생물학이라는 학문이 탄생했다.

핵산과 단백질 중 유전 물질은 어느 쪽일까?

유전자의 실체가 무엇인지를 파악하는 데 결정적인 역할을 한 사람들은 유전학에는 별 관심이 없었던 생화학자들이었다. 스위스의 의사이자 생화학자였던 요하네스 프리드리히 미셰르(Johannes Friedrich Miescher, 1844~1895)는 세포 내에 산성 물질인 핵산이 있다는 사실을 처음으로 밝혀냈다. 세포핵에 많은 관심을 가지고 있었던 미셰르는 1869년에 수술 중에 얻은 환자 고름 속 백혈구에서 핵을 추출했다. 그는 이 핵에서 인을 함유하는 산성 물질을 분리해 냈다. 이 물질이 핵 속에 들어 있었기 때문에 미셰르는 '뉴클레인(nuclein)'이라는 이름을 붙였다. 뉴클레인은 모든 세포 속에 들어 있었다. 하지만 미셰르는 자신이 분리한 이 물질이 얼마나 중요한지 전혀 알지 못했다.

그로부터 약 20년이 지난 후 미셰르의 제자인 리하르트 알트만(Richard Altmann, 1852~1900)은 뉴클레인이 염기, 인산, 그리고 당으로 이루어진다는 사실을 밝혀냈다. 그는 이 물질에 뉴클레인 대신 '핵산(nucleic acid)'이라는 이름을 붙였다. 하지만 그의 스승이 그랬던 것처럼 알트만도 핵산이 어떤 역할을 하는지는 몰랐다.

핵산, 즉 유전자가 효소(생체 내 화학 반응을 매개하는 단백질)를 만드는 역할을 한다는 것을 처음으로 밝혀낸 사람은 아치볼드 에드워드 개로드(Archibald Edward Garrod, 1857~1936)였다. 영국 런던에서 의사로 일하던 개로드는 알캅톤뇨증이라는 대사 질환 환자를 치료했다. 알캅톤뇨증은 페닐알라닌이라는 아미노산을 분해하는 데 필요한 효소가 부족해서 알캅톤(호모겐티신산)이라는 물질이 체내에 축적되는 희귀한 병이다. 체내에

🔵 아치볼드 에드워드 개로드 유전자와 단백질의 관계를 최초로 밝혀냈다.

축적된 알캅톤은 연골과 뼈를 파괴하고, 피부 조직에 갈색증을 유발한다. 알캅톤이 소변과 함께 나와서 소변의 색이 짙어지는 증상도 나타난다.

  알캅톤뇨증을 연구하던 개로드는 환자들의 가족력을 조사하기 시작했다. 그는 환자의 부모가 대부분 근친결혼을 했다는 사실을 알아냈다. 이는 알캅톤뇨증이 일부 집안에서만, 유전에 의해 나타난다는 것을 의미했다. 알캅톤뇨증이 특정 효소의 결핍 때문에 나타난다는 것을 알아낸 개로드는 1902년에 '유전자가 효소의 생성에 관련이 있다'는 연구 결과를 발표했다. 하지만 유전자와 효소의 관계를 최초로 밝혀낸 이 연구는 오랫동안 주목받지 못했다. 당시에는 유전학과 생화학이 완전히 분리되어 있었기 때문이기도 했고, 완두콩이나 초파리, 옥수수 등으로 유전을 연구하던 당시의 유전학자들에게는 인체를 대상으로 한 개로드의 연구가 익숙하지 않았던 탓이기도 했다.

  1905년에 록펠러 의학 연구소 생화학 실험실의 책임자가 된 피버스 에런 시어도어 레벤(Phoebus Aaron Theodore Levene, 1869~1940)은 핵산의 구조와

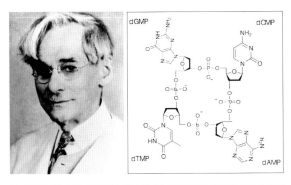

● 레벤(좌)과 DNA 구조(우) 레벤은 핵산의 구조를 연구해 최초로 DNA 모델을 만들었다.

기능을 본격적으로 연구하기 시작했다. 레벤은 함유하고 있는 당의 종류에 따라 핵산을 DNA와 RNA 두 종류로 구분했다. 또 DNA가 아데닌, 구아닌, 사이토신, 티민, 5탄당 그리고 인산기로 구성된다는 것을 알아냈다. 그는 인산-5탄당-염기가 '뉴클레오타이드(nucleotide)'라고 하는 기본 단위를 이루고, 이 뉴클레오타이드들이 모여서 DNA를 만든다는 것도 알아냈다.

하지만 레벤 자신은 DNA가 너무 단순해서 유전 정보를 저장할 수 없다고 생각했다. 그는 오히려 염색체를 구성하는 단백질 부분이 유전 정보를 저장한다고 믿었다. 레벤은 영향력 있는 생화학자였기 때문에 많은 생물학자들은 꽤 오랫동안 레벤의 이론을 따랐다.

영국의 의사이자 미생물학자였던 프레더릭 그리피스(Frederick Griffith, 1879~1941)가 1928년에 세균을 이용해 유전 물질의 본질을 실험으로 확인했지만, 그의 실험 결과도 과학자들의 생각을 바꾸지는 못했다. 폐렴쌍구균이라는 세균에는 병원성을 가진 S(smooth)형과 병원성이 없는 R(rough)형이 있다. S형은 다당류로 된 매끈한 껍질을 가지고 있고, R형은

● 프레더릭 그리피스 그리피스가 폐렴쌍구균을 이용해 진행한 실험은 유전 물질 발견의 단서가 되었지만 그는 중요성을 알지 못했다.

다당류를 합성하지 못하기 때문에 표면이 거칠어 보인다.

그리피스는 이 두 종류의 폐렴쌍구균을 이용해 실험을 실시했다. 그는 다양한 방식으로 폐렴쌍구균을 쥐에게 주입해 쥐의 생존 여부를 확인했다. 살아 있는 R형 폐렴쌍구균을 주사하거나 죽은 R형 폐렴쌍구균을 주사하면 쥐는 계속 살았다. 또 살아 있는 S형 폐렴쌍구균을 쥐에게 주사하면 쥐는 죽었지만, 이 S형 폐렴쌍구균을 열처리해 죽인 다음 쥐에게 주사하면 쥐는 살아남았다. 그런데 그리피스가 죽은 S형 폐렴쌍구균을 살아 있는 R형 폐렴쌍구균과 섞어서 주사하자 쥐는 죽고 말았다.

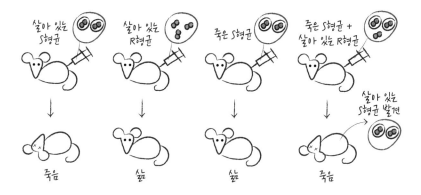

그리피스는 독성이 없던 R형 폐렴쌍구균이 죽은 S형 폐렴쌍구균으로부터 어떤 물질을 받아들여 S형으로 형질이 바뀌었다고 결론 내렸다. 그리피스는 이 물질이 바로 유전 물질이라고 생각했다. 이 유전 물질이 DNA였음은 그로부터 약 20년이 지나서야 밝혀진다. 그리피스는 유전자의 본질을 확인했지만, 정작 그리피스 자신조차도 이 실험이 지닌 의미를 모르고 있었다.

생물학과 화학이 함께 유전 물질의 정체를 밝히다

DNA가 유전 물질임이 밝혀지는 데는 유전학뿐만 아니라 생화학도 큰 역할을 했다. 생화학이란 세포의 대사 과정에 관여하는 물질을 화학적으로 연구하는 학문이다. 1930년대 이후로 DNA의 역할이나 구조를 알기 위해서는 생물학적 연구 방법만이 아니라 물리적, 화학적 연구 방법도 함께 이용해야 한다는 생각이 널리 퍼졌다. 그 이전까지 유전학과 생화학은 서로 완전히 다른 학문으로 분리되어 있었다. 1930년대 들어서 생화학이나 물리학 분야를 전공한 과학자들이 생물학 분야로 많이 옮겨 갔고, 자연스럽게 유전학과 생화학의 결합도 가능해졌다.

미국 네브래스카 출신의 유전학자 조지 웰스 비들(George Wells Beadle, 1903~1989)과 미생물학자 에드워드 로리 테이텀(Edward Lawrie Tatum, 1909~1975)의 만남이 대표적인 예였다. 유전학자 비들은 코넬 대학교에서 옥수수 유전에 관해 박사 논문을 쓰고, 이후 초파리의 유전을 연구하다가 1937년에 스탠퍼드 대학교 생물학과의 유전학 교수로 임용되었다. 비들은 바로 그곳에서 미생물학자 테이텀을 만났다. 테이텀은 세균의 영양과 대사에 관한 논문을 써서 생화학 박사 학위를 받고 역시 스탠퍼드 대학교에서 연구하던 중이었다. 둘이 함께 연구를 할 때 비들은 유전학적인 측면을, 테이텀은 화학적인 측면의 분석을 담당했다.

처음에 둘은 초파리의 눈 색깔을 연구했지만, 곧 연구 대상을 초파리보다 훨씬 간단한 붉은빵곰팡이로 바꾸었다. 그들은 붉은빵곰팡이에 엑스선을 쬐어 돌연변이를 만든 다음, 각각의 돌연변이에서 어떤 능력이 결핍되는지를 알아보는 실험을 반복했다. 실험 결과 이들은 특정 돌연변이가 일어난 개체는 특정 효소를 합성할 수 없다는 사실을 알아냈다. 이것은 유전자가 특정 효소의 합성을 결정함으로써 대사 과정을 조절한다는 것을 의미했다. 이들은 1941년에 하나의 유전자로부터 하나의 효소가 만들어진다는 '1유전자 1효소설'을 발표했다.

유전자의 본질을 찾기 위한 여정에서 1930년대 말 이후 활동했던 파지 그룹의 과학자들을 빼놓을 수 없다. 파지 그룹은 세균에 기생하는 바이러스인 박테리오파지를 연구 소재로 삼았던 과학자들이다. 이 파지 그룹에는 막스 루트비히 헤닝 델브뤼크(Max Ludwig Henning Delbrück, 1906~1981), 샐비도어 에드워드 루리아(Salvador Edward Luria, 1912~1991), 그리고 앨프리드 데이 허시(Alfred Day Hershey, 1908~1997) 등이 속해 있었다. 나중에 DNA의 구조를 발견한 왓슨은 파지 그룹을 이끌던 과학자 중 한 사람인 루리아의 제자였다.

독일 태생으로 루리아의 친구였던 델브뤼크는 원래 이론 물리학자였다. 하지만 물리학의 연구 방법을 생물학에 도입해 유전자의 본질을 밝히

◉ 파지 그룹 과학자들 파지 그룹의 과학자들은 박테리오파지를 이용해 DNA를 연구했다. 차례대로 델브뤼크(좌), 루리아(중), 허시(우)이다.

겠다는 생각으로 생물학으로 연구 분야를 바꾸었다. 델브뤼크는 1937년부터 미국의 캘리포니아 공과 대학교에서 연구를 시작했는데, 당시 캘리포니아 공과 대학교는 고전유전학의 대가였던 모건의 초파리 유전 연구가 활발히 이루어지고 있었다. 델브뤼크는 유전 실험 대상으로 삼기에는 초파리의 구조가 너무 복잡하다고 생각했다. 이때 델브뤼크의 눈에 들어온 것이 바로 박테리오파지였다.

박테리오파지는 단백질과 핵산, 단 2종류의 화합물로만 구성되어 구조가 매우 단순한 바이러스이다. 박테리오파지가 세균의 표면에 붙어 세균 내부로 유전 물질을 집어넣으면 세균 안에서 박테리오파지가 빠른 속도로 증식한다.

파지 그룹 과학자들이 유전자의 본질과 그 구조를 밝혀낸 것은 아니다. 하지만 이들은 박테리

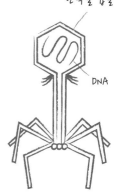

단백질 껍질

DNA

오파지를 연구하는 과정에서 성과를 얻었다. 이들은 통계법을 이용해 세균도 변이를 통해 형질이 발현된다는 것을 알아냈다. 또 박테리오파지에 감염된 세균에 변이가 무작위로 나타나는 것을 보고, 세균도 유전자를 가지고 있으며 이 유전자를 후대에 전한다는 결론을 내렸다.

하지만 1940년대까지도 여전히 많은 과학자들은 핵산이 아닌 단백질이 유전 물질일 것이라고 믿었다. 유전 물질의 화학적 구조는 핵산보다 더 복잡할 것이라는 생각이 지배적이었고, 또 DNA가 유전 물질이라는 확실한 실험적 증거가 없었기 때문이다.

그러던 중 1944년에 단백질이 아닌 핵산, 그리고 핵산 중에서도 DNA가 유전 물질이라는 것을 보여 주는 실험이 시행되었다. 오즈월드 시어도어 에이버리(Oswald Theodore Avery, 1877~1955)가 바로 그 주인공이다. 에이버리는 캐나다 출신의 의사이자 유전학자, 세균학자였다. 뉴욕 록펠러 의학 연구소에서 폐렴쌍구균을 연구하던 에이버리는 그리피스가 1928년에 실시했던 실험을 더욱 정교하게 수행했다.

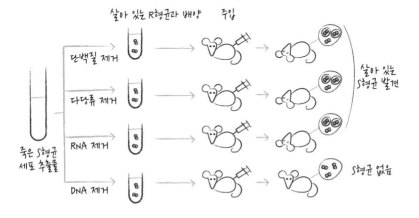

에이버리는 S형 폐렴쌍구균을 구성하는 물질들을 하나씩 분해해 제거한 뒤 R형 폐렴쌍구균과 함께 배양해 형질 전환 여부를 확인하는 실험을 수행했다. 그리피스의 실험에 의하면 열처리해 죽은 S형 폐렴쌍구균을 R형 폐렴쌍구균에 주입하면 R형 폐렴쌍구균의 형질이 병원성으로 전환되어 쥐가 죽는다. 에이버리의 실험에 따르면 단백질이나 다당류, RNA가 분해된 S형 폐렴쌍구균은 여전히 R형 형질을 전환시킬 능력을 가지지만, DNA가 분해된 S형 폐렴쌍구균은 형질 전환 능력을 잃는다. 이것은 형질을 전환시키는 능력을 가지고 있는 물질이 DNA라는 것을 의미한다. 하지만 에이버리의 실험에도 불구하고 많은 생물학자들은 DNA가 유전 물질이라는 점을 받아들이지 않았다.

유전 물질이 DNA라는 사실을 결정적으로 확인시켜 준 실험은 에이버리의 실험이 있고 나서 8년이나 지난 1951년에야 수행되었다. 당시 미국 뉴욕주에 있는 콜드 스프링 하버 연구소의 연구자였던 앨프리드 데이 허시(Alfred Day Hershey, 1908~1997)와 마사 콜스 체이스(Martha Cowles Chase, 1927~2003)는 박테리오파지와 대장균을 이용해 실험을 진행했다. 이 실험은 허시-체이스 실험이라는 이름으로 알려졌다. 허시는 파지 그룹의 일원이었다.

허시와 체이스는 단백질에는 황은 있지만 인이 없고, 반대로 DNA에는 인은 있지만 황이 없다는 사실에서 실험 아이디어를 얻었다. 이들은 먼저 박테리오파지의 단백질에는 황-35을, DNA 부분에는 인-32을 주입했다. 황-35와 인-32는 각각 황과 인의 방사성 동위원소이므로 방사성 추적자 기법을 이용하면 단백질과 DNA의 이동 경로를 알 수 있다. 다음 단

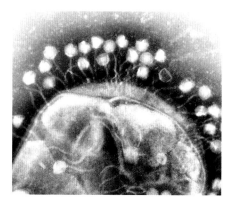

◎ 박테리오파지 균에 침입하는 박테리오파지의 모습이다.

계에서는 방사성 동위 원소로 표식된 박테리오파지를 대장균에 감염시켰다. 몇 분이 지난 뒤, 이들은 대장균을 흔들어서 대장균의 표면에 붙어 있는 박테리오파지를 떨어뜨렸다. 그런 다음 원심 분리기를 이용해 대장균과 박테리오파지를 분리한 후 황-35와 인-32 중 어느 것이 대장균 안으로 들어갔는지 살펴보았다.

박테리오파지는 자신의 유전 물질을 대장균 안으로 집어넣어 증식할 것이다. 따라서 만약 박테리오파지의 단백질이 대장균 속에 들어 있다면 단백질이 유전 물질임을 의미하고, 반대로 DNA가 들어 있다면 DNA가 유전 물질임을 의미한다. 실험 결과 허시와 체이스는 인-32로 DNA를 표시한 박테리오파지를 대장균에 감염시킨 경우에만 대장균 안에서 방사선이 검출되며, 대장균 안에서 이 DNA를 이용해 새로운 박테리오파지를 계속 만드는 것을 확인할 수 있었다. 이는 대장균 안으로 들어간 것은 박테리오파지의 DNA이며, DNA가 유전 물질임을 의미했다. 이 실험은 유전물질이 단백질인지 DNA인지에 대한 논란에 종지부를 찍었다.

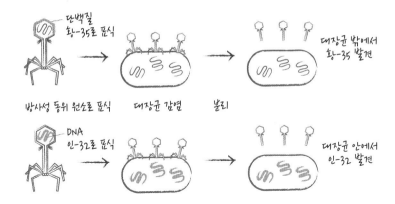

단백질
황-35로 표식

방사성 동위 원소로 표식   대장균 감염   분리

대장균 밖에서
황-35 발견

DNA
인-32로 표식

대장균 안에서
인-32 발견

허시와 체이스의 실험 결과를 발표한 사람은 약 1년 뒤에 DNA 구조를 밝힐 왓슨이었다. 당시에 왓슨은 박테리오파지의 구조를 연구하고 있었다. 허시는 DNA가 유전 물질이라는 사실을 증명한 이 실험으로 1969년에 델브뤼크, 루리아와 공동으로 노벨 생리의학상을 받았다. DNA가 유전 물질이라는 사실이 받아들여지자, 이제는 DNA의 구조를 밝히는 일만이 남았다.

왓슨과 크릭, DNA의 구조를 알아내다

1953년 4월 25일에 제임스 듀이 왓슨(James Dewey Watson, 1928~)과 프랜시스 해리 컴프턴 크릭(Francis Harry Compton Crick, 1916~2004)이 DNA 구조를 완전히 해명할 때까지도 다수의 과학자들은 유전 물질로서의 DNA의 역할에 회의를 품고 있었다.

왓슨은 1928년 미국 시카고에서 태어났다. 1947년에 시카고 대학교를

○ 왓슨(좌)과 크릭(우) DNA의 구조를 밝혀내 분자생물학이 탄생하도록 했다.

졸업했고, 1950년에는 인디애나 대학교에서 박사 학위를 받았다. 왓슨은 박테리오파지 연구로 학위를 딴 뒤 덴마크의 코펜하겐에서 연구를 계속했다. 그의 지도 교수이자 파지 그룹을 이끄는 연구자였던 루리아는 바이러스 즉, 유전자의 화학적 구조를 알아야 유전의 비밀을 밝힐 수 있을 것이라고 생각했다. 루리아는 이를 위해 자신의 제자인 왓슨을 덴마크의 저명한 화학자에게 보내 공부시켰던 것이다.

당시 단백질과 같은 생체 고분자를 연구할 때 가장 많이 쓰이던 방법은 엑스선 회절을 이용하는 구조결정학이었다. 영국의 물리학자 윌리엄 브래그와 로렌스 브래그 부자가 정립한 엑스선 결정학에서는 고체 결정에 엑스선을 쏘아서 사진 필름에 일정한 무늬의 점들이 찍히도록 한 다음, 이 필름을 분석해 고체 결정의 구조를 간접적으로 결정하는 방법을 사용한다. 한마디로 엑스선을 이용해 화합물을 구성하는 원자들의 위치와 구조를 알아내는 방법이었다.

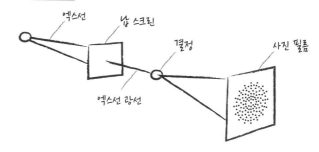

엑스선 구조결정학

1951년 봄, 이탈리아의 나폴리에서 열린 생체 고분자 구조 회의에 참가한 왓슨은 그곳에서 물리학자 모리스 휴 프레더릭 윌킨스(Maurice Hugh Frederick Wilkins, 1916~2004)의 발표를 들었다. 윌킨스는 런던 대학교 킹스 칼리지에서 물리학자 로절린드 엘시 프랭클린(Rosalind Elsie Franklin, 1920~1958)과 함께 DNA 결정의 엑스선 사진을 이용해 DNA 구조 연구를 하고 있었다.

왓슨은 윌킨스가 보여준 DNA 결정의 엑스선 회절 모양을 보고 충격을 받았다. 자신이 생각했던 것보다 DNA 구조가 훨씬 단순했기 때문이다. 유전자가 결정화된다는 것은 유전자 구조가 규칙적이라는 의미이다. 왓슨이 본 엑스선 사진 속의 DNA는 규칙적인 나선 형태였고 3.4Å마다 한 번씩 중복되는 구조였다. DNA의 구조를 밝혀낼 수도 있겠다는 자신감이 생긴 왓슨은 엑스선 회절 모양을 해독하는 방법을 배울 수 있는 연구소를 물색했다.

1951년 가을, 왓슨은 영국 케임브리지 대학교의 캐번디시 연구소로 가게 되었다. 당시 캐번디시 연구소에서는 엑스선 결정법을 이용한 단백질

3차원 구조 연구가 활발히 진행되고 있었다. 왓슨은 표면적으로는 담배모자이크바이러스를 연구했지만 실제로는 DNA에 관심이 더 쏠려 있었다. 바로 이곳에서 왓슨은 크릭을 만났다.

왓슨과 크릭 두 사람이 처음 만났을 때 크릭은 35세의 늦깎이 대학원생이었고, 왓슨은 23세에 불과했다. 크릭은 물리학과 화학의 개념으로 생물학적 현상을 설명할 수 있을 것이라는 믿음으로 전공을 물리학에서 생물학으로 바꾼 뒤 헤모글로빈의 구조를 연구하던 중이었다. 왓슨은 단백질보다 DNA가 더 중요하다는 사실을 인식하고 있던 크릭과 만난 것이 행운이라고 생각했다. 두 사람 모두 유전학의 중심은 DNA에 있다고 믿고 있었기 때문이다. 왓슨과 크릭은 점심을 같이 먹고 차를 같이 마시며 DNA에 대해 토론했다.

당시에 단백질 분석법 최고의 권위자는 캘리포니아 공과 대학교의 라이너스 칼 폴링(Linus Carl Pauling, 1901~1994)이었다. 폴링은 여러 개의 가능한 분자 모형을 만들고 이것을 이리저리 끼워 맞추면서 엑스선 회절 사진 결과와 비교하는 방법을 이용해 단백질 분자가 알파나선 구조를 하고 있다는 것을 밝혀냈다. 왓슨과 크릭은 자신들도 분자 모형을 이리저리 끼워 맞추는 방법으로 DNA 구조를 밝혀낼 수 있을 것이라고 생각했다.

왓슨과 크릭이 처음으로 만들었던 DNA 분자 구조는 당-인산 뼈대가 안쪽에 있는, 사슬 세 가닥이 서로 나선 모양으로 꼬여 있는 구조였다. 윌킨스와 프랭클린의 DNA 결정 사진으로는 DNA가 두 가닥의 사슬인지 세 가닥의 사슬인지 명확하게 알 수 없었기 때문에 시행착오가 생기는 건 당연한 일이었다.

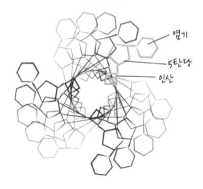

세 가닥 나선 구조 모델(위에서 본 모습)

염기
5탄당
인산

왓슨과 크릭의 첫 번째 모델은 완전한 실패로 돌아갔다. 이들이 제안한 화학 결합 방식으로는 안정된 DNA 구조가 유지될 수 없었다. 이후 한동안 이들은 DNA 구조 연구를 떠나, 크릭은 헤모글로빈 연구를, 그리고 왓슨은 엑스선 회절 사진을 이용한 담배모자이크바이러스 구조 연구를 진행했다.

그러던 중 1952년 4월에 왓슨은 아주 중요한 연구 결과를 접했다. 옥스퍼드에서 열린 〈바이러스 증식의 본질〉에 관한 학회에서 왓슨은 미국의 박테리오파지 연구 현황을 소개하는 임무를 맡았다. 그때 왓슨이 소개했던 것이 바로 허시와 체이스의 연구 결과였다. 바이러스가 세균에 침입할 때 단백질이 아닌 DNA가 들어가 감염을 일으킨다는 것을 보여 준 허시와 체이스의 실험은 DNA야말로 유전 물질이라는 강력한 증거였다. 이 연구를 접한 왓슨의 관심은 급격히 다시 DNA로 돌아왔다.

이즈음 왓슨과 크릭은 DNA 구조 발견에서 중요한 역할을 할 법칙을 하나 알고 있었다. 바로 오스트리아에서 태어나 나치를 피해 미국으로 이주

TABLE II

Purine and Pyrimidine Contents of Salmon Sperm DNA

The results are expressed in moles per mole of P in the hydrolysate.

Experiment No.*	Preparation No.	Hydrolysis procedure	Nitrogenous constituent				Recovery of nitrogenous constituents		
			Adenine	Guanine	Cytosine	Thymine	Purines	Pyrimidines	Total
1	1	1	0.27	0.18			0.45		
2		1	0.26	0.19			0.45		
3		1			0.17	0.28		0.45	
4		1			0.18	0.28		0.46	
5		2	0.28	0.20	0.21	0.27	0.48	0.48	0.96
6		2	0.30	0.22	0.20	0.29	0.52	0.49	1.01
7		2	0.27	0.18	0.19	0.25	0.45	0.44	0.89
8		2	0.28	0.21	0.20	0.27	0.49	0.47	0.96
9	2	1	0.25	0.18			0.43		
10		1	0.29	0.20			0.49		
11		2	0.29	0.18	0.20	0.27	0.47	0.47	0.94
12		2	0.28	0.21	0.19	0.26	0.49	0.45	0.94
13		2	0.30	0.21	0.20	0.30	0.51	0.50	1.01

* In each experiment between twelve and twenty-four determinations of individual purines and pyrimidines were performed.

◐ 샤가프의 논문 샤가프의 1951년 논문 일부로, 샤가프의 법칙을 보여 준다.

했던 생화학자 에르빈 샤가프(Erwin Chargaff, 1905~2002)가 도출한 '샤가프의 법칙'이었다. 샤가프의 법칙은 DNA를 구성하는 염기들 사이의 규칙성을 설명하는 법칙이다.

DNA를 구성하는 염기에는 크게 2가지 종류가 있다. 하나는 피리미딘이고 다른 하나는 푸린이다. DNA를 구성하는 염기는 질소와 탄소로 구성된 고리 모양을 하고 있는데, 그중 고리가 1개인 염기를 피리미딘 염기, 고리가 2개인 염기를 푸린 염기라고 한다. DNA를 구성하는 염기들 중 사이토신과 티민은 피리미딘 염기에 속하고, 아데닌과 구아닌은 푸린 염기에 속한다.

샤가프는 DNA에서 염기를 분리해 낸 다음, 푸린과 피리미딘의 상대량을 측정했는데, 언제나 푸린의 양과 피리미딘의 양이 1:1의 비율이었다. 또 티민의 양은 아데닌의 양과 같고 사이토신의 양은 구아닌의 양과 같았다.

DNA 염기의 종류

피리미딘 — 사이토신, 티민

푸린 — 아데닌, 구아닌

샤가프의 법칙

푸린 : 피리미딘 = 1 : 1

아데닌(A) + 구아닌(G) = 사이토신(C) + 티민(T)

　비슷한 시기인 1952년 봄에는 크릭의 동료이자 수학자였던 존 스탠리 그리피스(John Stanley Griffith, 1928~1972)가 수학적인 계산을 이용해 아데닌과 티민이 서로 결합하고, 구아닌과 사이토신이 서로 결합한다는 것을 알아냈다. 이것은 푸린의 양과 피리미딘의 양이 같다는 샤가프의 법칙과도 매우 잘 맞는 계산 결과였다.

　DNA 구조를 밝히려는 경주에는 폴링도 참가하고 있었다. 1952년 12월 중순에 왓슨은 폴링이 DNA 구조를 밝혔다는 소식을 들었다. 왓슨과 크릭은 엄청나게 절망했지만 폴링이 틀렸을 수도 있다고 생각하면서 폴링의

◉ 라이너스 폴링 폴링은 DNA 구조를 밝히는 데는 실패했지만, 화학 결합과 물질 구조 연구로 노벨 화학상을, 평화 운동으로 노벨 평화상을 받았다.

논문이 출판되기를 초조하게 기다렸다. 얼마 뒤 왓슨과 크릭은 드디어 폴링의 DNA 모델을 접했고, 그것이 당-인산 뼈대를 안쪽에 배치한 세 가닥 나선 구조라는 것을 알게 되었다. 바로 자신들이 약 1년 전에 만들어서 실패했던 것과 똑같은 모델이었다.

폴링의 모델에 의하면 DNA는 전기적으로 중성을 띠게 된다. 이는 DNA가 전기적으로 음성을 띤다는 사실과 맞지 않았다. 과학사학자들은 폴링이 1952년 5월에 런던에서 열렸던 단백질 학회에 불참해 윌킨스와 프랭클린의 최신 DNA 결정 사진을 보지 못한 것이 그의 실패 요인이라고 생각한다. 당시 미국은 반공산주의 열풍인 매카시즘이 한창일 때였고, 자본주의 체제를 비판해 왔던 폴링의 여권을 미국 정부가 취소해 버리는 바람에 그는 학회에 참석할 수가 없었다. 왓슨과 크릭은 아직 경주는 끝나지 않았다고 생각하고 연구를 계속했다.

1953년 2월에 왓슨은 윌킨스가 전해 준 사진 한 장을 보게 되었다. 그 사진은 윌킨스의 연구팀에 있던 프랭클린이 찍은 사진이었다. 프랭클린

🔹 로절린드 엘시 플랭클린 X선 회절 사진으로 DNA의 구조를 밝히는 데 큰 역할을 했다.

이 찍은 DNA의 엑스선 사진은 왓슨과 크릭이 DNA 이중 나선 구조를 알아내는 데 결정적인 역할을 했다.

당시 윌킨스와 프랭클린은 사이가 좋지 않았고, DNA 연구의 주도권을 가지기 위해 서로 경쟁하고 있었다. 프랭클린의 DNA 사진이 날이 갈수록 선명해진다는 것을 알고 있던 윌킨스는 조수를 시켜서 프랭클린의 엑스선 사진 몇 장을 몰래 복사해 두기까지 했다. 당시에 DNA 연구자들이 연구하던 DNA는 나선이 훨씬 짧고 굵은 A형이었다. 하지만 프랭클린은 오늘날 우리가 일반적으로 알고 있는 B형 DNA를 발견해 완벽한 엑스선 사진을 찍어 두고 있었다. 윌킨스는 51번 사진이라고 알려져 있는 바로 이 사진을 프랭클린의 허락도 없이 가져와 왓슨에게 보여 주었던 것이다.

그 사진을 본 순간 나는 입이 딱 벌어지고 심장이 방망이질을 하기 시작했다.

─제임스 듀이 왓슨,《이중 나선》

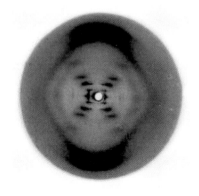

◎ 프랭클린의 DNA 사진 '51번 사진'이라는 이름으로 유명하다. DNA의 구조를 밝히는 결정적인 계기가 되었다.

왓슨은 프랭클린의 51번 사진을 본 순간을 위와 같이 표현했다. 이 사진을 본 순간부터 왓슨은 DNA가 이중 나선 구조를 하고 있다고 확신하기 시작했다. 그는 세 가닥 사슬 모델을 버리고 두 가닥 사슬을 이용해 모형을 만들기 시작했다. 프랭클린이 이전부터 주장해 왔던 것처럼 당-인산 뼈대를 바깥쪽에 둔 모형이었다.

문제는 '염기를 어떻게 배열하는가'였다. 염기 4종류의 구조가 모두 완전히 다르다는 점이 왓슨과 크릭을 힘들게 했다. 염기들이 서로 수소 결합으로 연결된다는 사실을 알고 있었던 두 사람은 염기들 사이의 결합 규칙도 밝혀내야 했다. 수소 결합은 한쪽 염기의 NH 부분이 다른 쪽 염기의 N이나 O와 결합하는 것을 의미한다. 처음에 왓슨과 크릭은 같은 종류의 염기끼리 수소 결합을 할 것이라고 생각했다. 그런데 푸린 염기(아데닌과 구아닌)와 피리미딘 염기(사이토신과 티민)의 길이가 다르기 때문에 같은 염기끼리 결합할 경우에는 당-인산 뼈대가 구불구불해진다는 문제가 생겼다. 몇 번의 실패 끝에 왓슨은 아데닌과 티민을 2개의 수소 결합으로 연결하고 구아닌과 사이토신을 3개의 수소 결합으로 연결하는 방법을 생각해 냈다.

아데닌과 티민이 결합하고, 구아닌과 사이토신이 결합한다면 문제될 것이 아무것도 없다는 것을 확인받은 왓슨은 "하늘에 오르는 기분"을 느꼈다. 아데닌과 티민이 수소 결합하고, 구아닌과 사이토신이 수소 결합을 한다고 하면 샤가프의 법칙도 설명할 수 있고, DNA 복제 방법도 설명할 수 있었다. 아데닌은 티민과, 구아닌은 사이토신과 결합한다는 것은 어느 한쪽 사슬의 염기 배열 순서가 정해지면, 다른 쪽 사슬의 염기 배열 순서도 자동적으로 결정된다는 의미이다. 실제로 DNA 복제가 일어날 때 이중 나선이 풀리면서 두 가닥의 나선이 각각 새로운 가닥을 위한 주형 역할을 하게 된다. 염기쌍들을 당-인산 뼈대의 안쪽에 맞추어 놓자 마침내 모든 문제가 해결되었고, DNA 구조의 신비가 풀렸다.

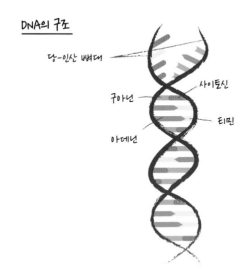

DNA의 구조

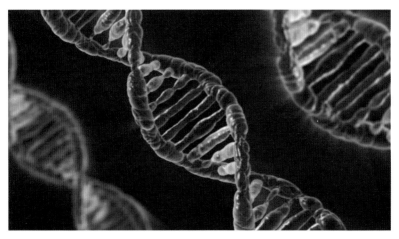

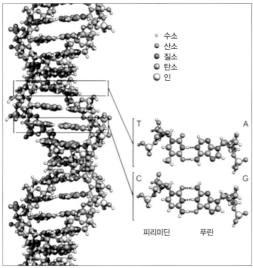

수소
산소
질소
탄소
인

T   A

C   G

피리미딘   푸린

◎ DNA DNA는 당-인산 뼈대가 바깥쪽에 위치하고 안쪽에 염기들이 수소 결합으로 연결된다.

○ 왓슨과 크릭 자신들이 만든 이중 나선 구조 DNA 모형 앞에 서 있다.

    왓슨과 크릭은 윌킨스를 불러 자신들이 만든 모형을 프랭클린의 DNA 엑스선 회절 사진과 비교해 달라고 했다. 윌킨스는 왓슨과 크릭의 이중 나선 모델이 자신과 프랭클린이 찍은 엑스선 사진과 일치한다고 확인해 주었다. 프랭클린도 왓슨과 크릭의 DNA 모델에 즉각 찬성을 표했다.

    이제 남은 일을 되도록 빨리 논문을 출판하는 것뿐이었다. 1953년 4월 25일 마침내 《네이처》에는 "우리는 DNA의 구조를 제안하고자 한다. 이 구조는 생물학적으로 상당히 흥미로운 진기한 특징을 가지고 있다."로 시작되는 128줄의 짧은 논문이 실렸다. 왓슨과 크릭은 자신들의 논문이 유전 물질의 복제 기구를 해명하는 데 의의가 있다고 밝혔다. 이 논문은 역사적인 논문이 되었고, 이후 분자생물학이라는 학문이 탄생하는 직접적 계기가 되었다. 왓슨, 크릭, 윌킨스는 DNA 구조를 밝힌 공로로 1962년에 노벨 생리의학상을 받았다.

과학자들의 교류가 새로운 과학 지식을 탄생시키다

DNA 구조가 밝혀지고 분자생물학이 발전하면서 왓슨과 크릭은 세계적인 유명 인사가 되었고, 이후 생물학 연구 분야에 큰 족적을 남겼다. 크릭은 1958년에 DNA로부터 단백질로 정보가 전달되는 원리를 설명하는 '중심 원리(Central Dogma)'를 제안했다. 왓슨 역시 대학 교수이자 콜드 스프링 하버 연구소의 연구소장으로서 오랫동안 분자생물학 발달에 기여했다.

크릭이 발견한 중심 원리에 의하면 유전 정보는 DNA에서 DNA로의 복제, DNA에서 RNA로의 전사, 그리고 RNA에서 단백질로의 번역이라는 과정을 거쳐 발현된다. 이는 한번 단백질로 발현된 정보는 DNA나 RNA로 거꾸로 다시 전달될 수 없음을 의미한다. 하지만 1970년대 이후 중심 원리에 대한 반례들이 발견되었는데, 역전사 효소를 이용해 RNA에서 DNA를 합성하는 바이러스나 광우병의 원인인 프라이온 단백질 등이 그 예이다.

왓슨과 크릭이 DNA 구조를 발견했던 과정은 연구자들 간의 정보 교환이 새로운 과학적 지식이 탄생하는 데 중요한 역할을 한다는 사실을 잘 드러내 주는 예라고 할 수 있다. 많은 사람들이 DNA 구조를 밝혀낼 것으로 기대했던 라이너스 폴링과 비교해 보자. 정치적인 이유로 최신의 DNA X선 회절 사진을 볼 수 없었던 폴링은 실패를 거듭하고 있었다. 그동안 왓슨과 크릭은 같은 주제를 연구하던 런던 대학교 연구팀과 교류하거나 학회에 참석해 최신 정보를 얻을 수 있었고, 이를 바탕으로 DNA 구조를 해석해 낼 수 있었다. 물론 당시까지의 모든 연구 결과들을 종합해 DNA 이중 나선 구조를 밝혀낸 데는 두 연구자의 번득이는 아이디어와 집념 역시

○ 콜드 스프링 하버 연구소 미국 뉴욕주에 위치해 있으며 분자생물학과 유전학 연구의 중심지이다. DNA가 유전자임을 증명한 허시, DNA 구조를 밝힌 왓슨이 이곳에서 연구했다.

핵심적인 역할을 했다. 그러나 학회나 학회지를 통한 과학자들 간의 정보 교환이나 동료 평가가 과학 지식 생산 활동에서 가지는 중요성을 무시할 수 없다.

왓슨과 크릭이 연구를 위해 저질렀던 행동들은 연구자의 윤리에 대한 심각한 논란을 낳기도 했다. 왓슨과 크릭은 그들의 연구에서 결정적인 역할을 한 로절린드 프랭클린의 51번 사진을 프랭클린 본인의 허락 없이 몰래 본 셈이었기 때문이었다. 왓슨과 크릭은 DNA 구조를 밝힌 자신들의 1953년 논문에서 로절린드 프랭클린의 공헌에 대한 적절한 수준의 인용조차 해 주지 않았다. 이러한 비윤리적 행위를 둘러싼 논란은 왓슨과 크릭을 오래도록 따라다녔다. 타 연구자의 공헌이나 기여를 적절한 인용을 통해 인정하는 것은 모든 학문에 있어서 가장 기본적인 연구 자세라고 할 수 있다.

유전공학은 특정 산물을 얻기 위해 유전자를 조작하는 기술이다. 넓은 의미로는 유전자 조작뿐만 아니라 인공수정, 체외수정, 정자은행, 클로닝을 포함한다. 유전공학은 1970년대 DNA 재조합 기술이 등장하면서 시작되었다. 한 생물에서 추출한 특정 DNA 조각을 다른 생물의 DNA에 끼워 넣어 유전자를 재조합해, 재조합 유전자를 대량으로 복제하거나 형질이 발현되도록 하는 기술이 DNA 재조합 기술이다.

당뇨병 치료에 사용되는 인슐린의 예를 들어 보자. 대장균은 염색체와는 별도로 고리 모양의 DNA를 가지고 있는데, 이를 플라스미드라고 한다. 유전공학자는 먼저 제한 효소라는 효소를 이용해 플라스미드를 잘라낸다. 다음에는 사람의 인슐린 유전자 부위의 DNA를 잘라내 플라스미드의 잘린 부분에 연결한다. 이것이 재조합 DNA이다. 재조합된 플라스미드를 대장균에 넣으면 이 재조합 DNA는 대장균이 증식할 때마다 복제된다. 이를 이용해 많은 양의 인슐린을 생성할 수 있다.

DNA 재조합 기술은 1990년대 들어서는 유전자 변형 생물의 등장으로 이어졌다. 유전자변형생물은 기존의 생물체 속에 다른 생물체의 유전자를 끼워 넣어, 해충이나 잡초에 잘 견디게 하거나 쉽게 썩지 않도록 만든 생물이다. 보통의 경우 농작물의 생산량을 늘리기 위해 많이 이용된다. 가장 먼저 등장한 유전자 변형 생물은 무르지 않는 토마토였으며, 이후 콩이나 옥수수 등으로 확대되었다.

유전공학 기술 중 PCR(중합 효소 연쇄반응, Polymerase Chain Reaction)도 유명하다. 1983년에 등장한 PCR은 원하는 DNA 부분만을 대량으로 복제·증폭하는 기술이다. PCR 기술은 과학 수사, 친자 확인, 유전병 판별 및 질병의 진단, 생물의 진화 과정 연구, 생물 분류 등에서 폭넓게 사용된다.

유전 공학은 1953년 왓슨과 크릭의 DNA 구조 발견에서부터 시작되어 현재 폭넓게 발전하고 있다. 유전 공학의 끝이 어디일지 아는 사람은 아무도 없을 것이다.

DNA는 핵산의 한 종류로 당, 인산, 염기로 구성되어 있다. 바깥쪽에 있는 당-인산 뼈대 2개가 사슬 모양으로 꼬여 DNA의 이중 나선 구조를 형성한다. 1953년에 DNA 구조가 밝혀지기까지 많은 연구가 있었다.

　　미셰르는 세포의 핵 속에 산성 물질이 들어 있다는 것을 알아냈고, 제자인 알트만이 이 물질에 핵산이라는 이름을 붙였다. 개로드는 핵산 속의 유전자가 효소를 생성하는 데 중요한 역할을 한다는 것을 밝혀냈고, 비들과 테이텀은 유전자 1개가 1개의 효소를 만든다는 1유전자-1효소설을 발표했다. DNA 연구는 'DNA가 유전 물질의 본질인가?'와 'DNA의 구조는 어떻게 어떠한가?'라는 2가지 질문에 답하면서 이루어졌다. 많은 과학자들이 유전 물질의 본질은 단백질일 것이라고 추측했지만 그리피스, 에이버리, 허시와 체이스 등이 DNA가 유전 물질이라는 사실을 밝혔다.

　　레벤은 핵산에는 DNA와 RNA 2종류가 있고, 기본 단위는 인산-5탄당-염기가 모인 뉴클레오타이드라는 사실을 알아냈다. 1953년 왓슨과 크릭은 샤가프의 법칙, 프랭클린의 X선 사진, 자신들의 영감과 끈기를 더해 DNA 이중 나선 구조를 밝혔다.

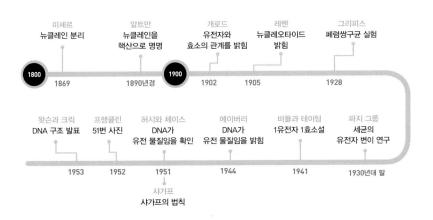

도서 및 논문

손영운,《청소년을 위한 서양과학사》, 두리미디어, 2004.

박범익 · 김재영,《교양 생물학사》, 집현전, 1990.

닐 캠벨, 고인정 외 옮김,《생명과학: 개념과 현상의 이해》, 바이오사이언스, 2006.

장 바티스트 드 라마르크, 이정희 옮김,《동물 철학》, 지만지, 2009.

로빈 헤니그, 안인희 옮김,《정원의 수도사: 유전학의 아버지 멘델의 잃어버린 삶과 업적》, 사이
    언스북스, 2006.

루이 파스퇴르, 김학현 옮김,《자연 발생설 비판》, 서해문집, 1998.

루이즈 E. 로빈슨 지음, 이승숙 옮김,《미생물의 발견과 파스퇴르》, 바다출판사, 2003.

르네 뒤보, 이재열 옮김,《파스퇴르》, 사이언스북스, 2006.

마이클 루스, 류운 옮김,《진화의 탄생》, 바다출판사, 2010.

마이클 패러데이, 박택규 옮김,《양초 한 자루에 담긴 화학 이야기》, 서해문집, 1998.

스콧 프리만, 안정선 · 안태인 옮김,《프리만 생명과학 4판》, 바이오사이언스, 2011.

쑨이린 지음, 송은진 옮김,《생물학의 역사》, 더숲, 2012.

앤서니 그래프턴, 서성철 옮김,《신대륙과 케케묵은 텍스트들》, 일빛, 2000.

에드워드 J. 라슨, 이충 옮김,《진화의 역사》, 을유문화사, 2006.

에드워드 에델슨, 최돈찬 옮김,《유전학의 탄생과 멘델》, 바다출판사, 2002.

에른스트 마이어, 신현철 옮김,《진화론 논쟁》, 사이언스북스, 1998.

에른스트 마이어, 최재천 외 옮김,《이것이 생물학이다》, 몸과마음, 2002.

월터 S. 주드 외, 이상태 외 옮김,《식물분류학: 계통학적 접근》, 신일상사, 2005.

윌리엄 하비,〈동물의 심장과 피의 운동에 대한 해부학적 논고〉, 홍성욱 편역,《과학고전선집:
    코페르니쿠스에서 뉴턴까지》, 서울대학교 출판부, 2006.

재컬린 더핀, 신좌섭 옮김,《의학의 역사: 한권으로 읽는 서양의학의 역사》, 사이언스북스, 2006.

제임스 D. 왓슨,《이중 나선》, 하두봉 옮김,《이중 나선》, 전파과학사, 1973.

찰스 다윈, 김학영 옮김,《찰스 다윈 서간집: 기원》, 산림출판사, 2011.

찰스 다윈, 박동현 옮김,《종의 기원》, 신원문화사, 2006.

찰스 다윈, 이한중 옮김,《찰스 다윈 자서전: 나의 삶은 서서히 진화해왔다. 1809~1882》, 갈라파
    고스, 2003.

폴 드 크루이프, 이미리나 옮김,《소설처럼 읽는 미생물 사냥꾼 이야기》, 몸과마음, 2005.

피터 J. 보울러 · 이완 리스 모러스, 김봉국 · 홍성욱 · 서민우 옮김, 《현대과학의 풍경》, 궁리, 2008.

히포크라테스 지음, 여인석 · 이기백 옮김, 《히포크라테스 선집》, 나남, 2011.

A. Weismann, *Essays Upon Heredity* Vol 1 and 2, Oxford At the Clarendon Press, 1889.

Carolus Linnaeus, *Philosophia Botanica*, 1751, Hugh Rose 옮김, The Elements of Botany, 1775, London: T. Cadell

Edward E. FARMER, "Jean Senebier's thoughts on experimentation and their relevance for today's researcher", Arch.Sci, 2010.

Edward L. Green, "Linnaeus as an Evolutionist", *Proceedings of the Washington Academy of Sciences* Vol.11, 1909.

Emma Spary, "Political, natural and bodily economies", in N. Jardine, J. A. Secord and E. C. Spary eds., *Cultures of natural history*, Cambridge University Press, 1996.

Erwin Chargaff et al, "The Composition of the Desoxyribonucleic Acid of Salmon Sperm", *Journal of Biological Chemistry* Vol. 191, 1951.

Francis Wall Oliver, *Makers of British Botany; a collection of biographies by living botanists*, 1913.

Gerhart Drews, "Contributions of Theodor Wilhelm Engelmann on phototaxis, chemotaxis, and photosynthesis", Photosynthesis Research, 2005.

Gregor Mendel, "Experiments in Plant Hybridization", 1865.

Hershey, A.D. and Chase, M. "Independent functions of viral protein and nucleic acid in growth of bacteriophage", J Gen Physiol, 1952

Homer, Samuel Butler, *The Iliad:Book 1*

Howard Gest, "Definition of photosynthesis: History of the word photosynthesis and evolution of its definition," Photosynthesis Research, 2002.

J. Christian Bay, *Plant Physiology*, 1931.

Jay Withgott, "Is it "So long, Linnaeus?"", *Bioscience* Vol. 50, No. 8, 2000.

Joseph Needham, *Science and Civilisation in China, vol. 6 Biology and Biological Technology, part 1 : Botany*, Cambridge University Press, 1986.

L. N. Vasilyeva and S. L. Stephenson, "The Linnaean Hierarchy and 'External Thinking'", *The Open Evolution Journal*, 2008.

Lisbet Koerner, "Carl Linnaeus in his time and place", in N. Jardine, J. A. Secord and E. C. Spary eds., *Cultures of natural history*, Cambridge University Press, 1996.

Londa Schiebinger, "Gender and natural history", in N. Jardine, J. A. Secord and E. C. Spary eds.,

Cultures of natural history, Cambridge University Press, 1996.

Mary Louise Pratt, *Imperial Eyes*, 2nd eds., Routledge, 2008.

Mary P. Winsor, "Taxonomy was the foundation of Darwin's evolution", *TAXON* Vol. 58, 2009.

Mary Terral, "Salon, Academy, and Boudoir: Generation and Desire in Maupertuis's Science of Life", *Isis* Vol. 87, No. 2, 1996.

Nicolas-Théodore de Saussure, Jane F. Hill 옮김, *Chemical Research on Plant Growth*, Springer, 2013.

Peter Dear, *The Intelligibility of Nature*, The University of Chicago Press, 2006.

R.C. Punnett 편집, *Scientific Papers of William Bateson* Vol. 2, Cambridge University Press, 1928.

Robert Hill, "Oxygen Produced by Isolated Chloroplast", *Proceedings of Royal Society B: Biological Sciences*, 127(847), 1939

Staffan Müller-Wille, "Collection and collation: theory and practice of Linnaean botany", *Studies in History and Philosophy of Biological and Biomedical Sciences* Vol. 38, 2007.

웹페이지

http://classics.mit.edu/Homer/iliad.1.i.html

노벨문학상 http://www.nobelprize.org/nobel_prizes/medicine/laureates/1958/tatum-bio.html

브리테니커 https://www.britannica.com/biography/Julius-von-Sachs

한국 파스퇴르 연구소 http://www.ip-korea.org/ko/network/legacy.php

서울대학교병원 희귀질환센터 http://raredisease.snuh.org/

천재학습백과 http://koc.chunjae.co.kr/Dic/dicDetail.do?idx=11462

히포크라테스 동상 © Lalupa

윌리엄 하비 © Wellcome Library, London

다빈치의 손 스케치 © Her Majesty Queen Elizabeth II 2017

《정맥의 판막에 관하여》삽화 © Curators of the University of Missouri

하비의 판막 실험 삽화 © Wellcome Library, London

〈찰스 1세에게 혈액 순환 체계를 설명하는 윌리엄 하비〉© Wellcome Library, London

말피기의 모세혈관 삽화 © Wellcome Library, London

《본초강목》삽화 © Li Shizhen

린네의 정원 현재 모습 © Andreas Trepte

큰톱풀 © Kor!An

톱풀 © Jacob W. Frank/NPS

헤일스의 실험 © Biodiversity Heritage Library

물속에서 발생하는 산소 기포 © Felex Liu

DCPIP © Morsagh

매머드 화석 © Matt Howry

메가테리움 화석 © Biodiversity Heritage Library

메가테리움 복원도 © Ballista

갈라파고스 거북이 산형 © Mike Weston

갈라파고스 거북이 돔형 © putneymark

다운하우스 © Jim Bowen

아스클레피오스 © Michael F. Mehnert

중세의 병원 © Musée AP-HP

파스퇴르 연구소 © Guilhem Vellut

피에르-루이 모페르튀이 © Wellcome Library, London

성 토마스 수도원 © Kirk

수도사 단체 사진 © Wellcome Library, London

아치볼드 에드워드 개로드 © Wellcome Library, London

박테리오파지 © Dr Graham Beards

막스 델브뤽 © MalteAhrens

레벤의 DNA 구조 © JWSchmidt

사진 51 © Wellcome Library, London

DNA 모형 © Zephyris

왓슨과 크릭 © American Academy of Achievement

콜드 스프링 하버 연구소 © AdmOxalate